微型旅宿經營學

民宿、青旅、B&B、商旅，
設計到完賣教戰聖經

黃偉祥Bob———著

目錄

推薦序

　　在讀過 Bob 上一本著作《HOLD 住你的微型旅宿》之後，就對其微型旅館的經營知識由衷佩服。前一陣子，和學界、業界、官方主管機關友人聊起 Bob 近年來在各地所做的演講及其著作，大家一致讚賞其精彩的內容，因此，同儕間也一直期待 Bob 的新書。這本新書—《微型旅宿經營學》，秉持 Bob 一貫的寫作風格，以淺顯易懂的文字，將微型旅館重要的經營管理知識清楚呈現。舉凡投資規劃之初所應掌握的市場分析、業者自身條件的檢視，以及在經營實務方面的人力、購買行為、訂價、行銷通路、內部管理等各項管理概念，不僅能融合新興的資訊應用，並能充分掌握當今微型旅宿管理操作的潮流。因此，相信讀者也能和我一樣，能在這本書中汲取有用的微型旅宿經營知識；對業界人士而言，亦能從中檢視其經營現況，啟發前瞻的創新思維。

世新大學觀光學系 黃品全教授

推薦序

　　大家一定很難想像，這兩年間臺北市平均每周開 1 家旅館，約提供 3 萬 7,000 個房間、從業人員將近 2 萬 5,000 人、總計超過 560 家。旅館替旅人繫起一條無形的線，透過無微不至地服務，將臺北的溫度傳遞給每一位旅客。

　　每當看到旅館踴躍參與臺北市政府主辦的世大運特約旅館徵選、穆斯林友善旅宿、老舊旅館再造等各項措施，我總是心懷感恩與感激。在網路世代興起、資訊爆炸的年代，旅館要脫穎而出、雀屏中選，需要不斷的求新求變；未來我們仍將與業者並肩作戰，藉由提升旅館服務品質、打造旅人舒適的家。

　　Bob 是 105 年臺北市旅館從業人員講習講師，「OTA 操作實務與管理」課程學員滿意度評比高達 96.12%，正是旅館業與時俱進汲取知識的展現。很高興 Bob 在今年又推出最新力作《微型旅宿經營學》，期待透過一些新的觀念能幫助更多的旅宿業者在未來的市場營銷上有所助益，一起推升觀光動能！

臺北市政府觀光傳播局　局長簡余晏

推薦序

　　好兄弟－旅宿王 -Bob，實在令人佩服，年輕帥氣又有才，在 OTA 的操作與旅館的經營，有很強的能力，且願意花時間寫下來，不吝分享給大家，也不怕人家講話、模仿或超越，這種無私的精神，在現在的社會，實屬少見！ 我們一般人要經營一個旅館，就像平地起高樓，從規畫、設計到執行，需要耗費多少人力物力經營管理，處處都是細節與學問，所以很多的知名顧問幫許多業主省時省力；以最快的時間達到了營利的目的。但即便是如此多的專家幫助，也都已經精疲力竭，苦不堪言！ 但好險的是，我們現在有了旅宿王 -Bob 黃大師的書，白手起家、無經驗就可以經營一家成功的旅館，用懶人包精簡的重點文字，講述出專家們數十寒暑的訣竅，套一句我常說的話，我們讀的不是書，是 Bob 的兄弟情，讚啦！

大師會館副總經理 丘彪

推 薦 序

　　從不動產角度切入飯店投資領域後，發現這裡頭的帥哥經理人不少。但擁有美國飯店業 12 張證照，學經歷完整的 Bob，是我見過少數又專業、又謙虛、又非常樂於分享的帥哥級專業經理人。

　　隨著網路科技當道，創業門檻降低，微型旅宿如青年旅館、日租公寓、鄉村旅店、民宿等等，非常適合台灣年輕人走出自己的風格之路。如何應用 Bob 分享 C=(K+S) 的 A 平方成功公式，用本書教導的知識 K(Knowledge) 與技術 S(Skill)，搭配加上熱情的態度 (Attitude)，除了能強化自我的能力 C(Capability)，結合美好生活與投資平衡的職涯 C(Career)，指日可待！

紅色子房投資團隊執行董事 蘇明俊

推薦序

　　從第一本《HOLD 住你的微型旅宿》到現在的《微型旅宿經營學》，這是我投入業界 20 年以來看到最深入簡出的著作，Bob 以一個經營業者、OTA 業務主管及專注於此項專業的本科學生，各個角度告訴大家如何跨入此一行業、並對經營此行業跟行銷自己的旅宿產業，做了非常完整的介紹，更不藏私地將自己如何省錢，經營與價格管理，且運用各式各樣不同的資、通訊工具輔佐，大幅降低人事及相關管銷，Work Smart Not Work Hard ！

　　其中價格經營之三大原則更是經典，如何提升自己的價值，旅客消費心態的運用和異業結盟夥伴的合作策略更是建議業者要多去思考的地方，在現今一片紅海市場中如何脫穎而出，換取合理利潤，又受到網友們的肯定，是現在業者們該加強著墨的一點。

　　六年前去香港參訪，就看見香港飯店的人事組織規畫以因應資通訊的發展而改變組織架構，他不再是業務或行銷企劃公關的一環，而是一個獨立操作的部門，我看見了「電子商務部」、「網絡行銷部」、「電子營銷部」等等新型態跨部門的組織在發展，更告訴我未來業界中需要更多這樣的人才投入。

　　希望未來大家共同分享更多的資訊，當然也希望 Bob 能出更多的好書帶領業界一起成長歐！

旭海國際科技集團總經理 賴佳維

推薦序

　　這本書對於要進入旅宿產業的經營管理者必讀，不僅深度探討旅宿業未來經營趨勢，並且啟發旅宿業網路行銷實務的操作概念，協助對於旅宿產業有興趣，或是從事旅宿業的經營管理者，是提升營運管理功力的葵花寶典。

台灣青旅創始人暨執行長 魏秋富

　　旅行的盛行，也有不少朋友想創業旅宿（小型旅館、青年旅館、民宿），除了旅宿特色硬體的打造之外，了解目標客群在經營方面只是基本。好友 Bob 的新書，揭秘了行銷中連動著價格產生的秘訣，如何吸睛、有創意，當然在訂價、特價也要有點藝術，經營維運人才的引進，旅宿的品牌當然也是最重要的不二法門。 旅宿經營的 5W1H、開業前後、BOB 經驗的提醒注意事項，想要創業旅宿的朋友，一定要來參考這本 BOB 新書《微型旅宿經營學》。

知名部落客 大方

自序

設計 = 創意 + 延伸性

設計是一種有邏輯的創作行為，因此設計師考慮各種資訊、情報後，針對人們的需求逐步分析、探索、再用獨特的美感詮釋理念，成就令人動容的動作。

Dieter Rams（註1）認為：「好的設計要包含以下十點：創新、實用、美感、易懂、低調、誠實、持久、條理、環保、極簡。」

Thomas J. Watson（註2）說過：「好設計就是好生意。」

朱延智博士（註3）：「越重視品牌的企業，就越重視設計」

這也是本書出版的重點：希望能讓讀者當自己的旅宿經營師。

「微型旅宿經營學」不只從基本開始討論該不該開一間旅宿，更是探討深層的旅宿面向，讓你透過成功旅宿的三大生存條件：「空氣、陽光、水…噢～不！我指的是「數據、軟體與硬體」來布局，運用硬體、軟體及數據，和有邏輯的創意行為來創造創新、持久的自主旅宿品牌。

什麼是微型旅宿？這個詞彙你可能無法 Google 得到，因為這是我所「蘊育」出來的專有名詞。在 2012 年初，我開始對於我自己所謂的「微型旅宿」下了一個定義：它是一個小規模（Tiny Scale）的住宿型態，「微型」的廣義包含了：民宿、短租公寓 / 套房、青年旅館、小型旅社、客棧、露營地、農家樂及 couch surfing(沙發客)…等。至於會叫做「旅宿」則是因為我認為住宿這檔事占了旅程幾近 50% 的重要性，它不只是「住宿」環境，更是旅程的一部分，而且是重要

的那一部分；台灣觀光局在 2012 年底也將台灣旅宿網正式開站，「旅宿」這名詞似乎也代表著產官學界開始注重著這產業之發展，因此無論是業者或消費者都必須審慎待之，但基本上在這本書裡讀者不會看到太官方的旅宿經管之理論式分析，反而會是更實際且受用的資訊分享，放鬆心情來閱讀它吧！

Just relax and enjoy it!

也因為我早期曾經在飯店擔任過第一線人員，其中包含：門僮、行李員、總機、訂房員、前台接待員、餐廳服務員、行政樓層主管、行銷業務人員等等，幾乎飯店內的所有工作都經歷過一番，因此非常能夠體會業者現在在經營上感受到的痛苦，而一直到了 2012 年，因緣際會跳進了線上訂房平台 (OTA)，主要工作就是接觸經營旅宿的業者以及擔任線上行銷的協助者，這幾年手上流動的物件已經幾近四位數，我發現真正充滿「經營眉角」的是那些中大型旅館以外的旅宿，一言以蔽之，這就是三折肱而成良醫，也因為我們不是含著金湯匙出生，一開始就有著請專業經理人，開好幾間連鎖飯店的本錢，因此我們從「微型」開始，而這本書的用意就是要讓你能夠 HOLD 得住全場，經營旅宿更加上手，提高產能，事半功倍！

「微型旅宿經營學」，我們姑且把它當成一本工具書，正在逐夢的經營者務必熟讀，或是任何一位即將投入微旅宿的夢想者，建議得要先熟讀內容後再考慮是否願意和我們一同「淪」為旅宿人喔！

註 1:Dieter Rams，著名德國工業設計師，出生於德國黑森邦威斯巴登市，與德國家電製造商百靈（博朗）（Braun）和機能主義設計學派有很密切的關係。

註 2: Thomas J. Watson，美國商人，在 1914 － 1956 年間出任國際商用機器公司（IBM）第 1 任執行長，帶領 IBM 在 1920 － 1950 年代發展成國際知名的商業機構。他實行有效的管理風格，使 IBM 賺大錢。

註 3: 朱延智，現任明道大學創新與經營學系助理教授，著有《圖解產業分析》等十數本著作。

前言

　　這裡我也是要再次不厭其煩的解釋一下心目中的「微型旅宿」：其代表著 60 房以下的旅宿、民宿、青年旅館、日租民宿、沙發客、露營場地…等，而我們為什麼特別要針對這樣規模的旅宿來探討線上營銷或是設計概念呢？

　　故事是這樣的，一般中大型旅館有充分的預算去安排 PR(公關) 或是有集團資源可以共同整合應用，不僅事半功倍甚至往往可以輕而易舉的成為媒體吹捧的首要對象，但量體最大、最弱勢且資金較不耐燒的微型旅宿們，一不小心就成了行銷弱勢，因此我希望能夠分享一些快捷、有效度和正確的方法來協助微型旅宿的創業者們一起抗戰，在台灣觀光市場能培養出一塊園地，讓大家可以健全的發展與進步。

▌青年創業首選不再是咖啡館，而是微型旅宿！

　　數年前，南投、宜蘭、花蓮、墾丁，這些區域的民宿漸漸興起，一、二線的城市小旅社默默轉型成青年旅館、小型精品、商務、設計旅館興起，一同踏入微型旅宿的大熔爐，與觀光旅館等級比較起來，微型旅宿的門檻的確親民一些，這也是為何在短短的幾年，B&B、Hostel、日租、小型旅館…等如雨後春筍般地發展，前兩年更因為有大陸的觀光效益，促長了供需比，更增加了多元的住宿環境來符合各式不同的消費者需求；此外，台灣青年有著強烈的創業精神，大家更願意嘗試門檻較低的微旅宿業，當起自己的管家，這一股微旅宿勢力已經慢慢發燒。

▎「觀光慘業」如何逆境重生？

　　然而在去年（2016），兩岸的政治因素在很多層面上影響了台灣觀光產業的發展，甚或在同行之間還被暱稱為「觀光慘業」，2016 年 1~7 月累積來台旅客人數與 2015 年同期相比增加約 8%，旅館民宿家數在這一年間也增加了 14%，全台總家數從 9,467 家增加到 10,822 家，分母擴大，平常接受團客的中大型旅館也漸漸發現斷層的出現，也因為好一段時間沒有好好經營 FIT（散客、自由行客人），一時間也無法用 FIT 的量體來填補缺口，而導致現金流困頓，最後礙於成本考量只好下殺折扣吸引 FIT 市場，雖然能救到一點住房率，但平均房價已經失去平衡，整體年度的 RevPAR（註）銳減，整個旅宿產業哀鴻遍野…

　　也因為這樣，越來越多業者想要重新學習如何做好線上行銷與 FIT 市場，不僅僅是微型旅宿的市場，想要在這戰場上撐到最後，擁有別人參不透的密技絕對是必須的！讓我們一步步成為微型旅宿的霸主吧！

註：

RevPAR 是 Revenue Per Available Room 的縮寫，意為「平均每間可供出租客房收入」，或者「平均客房收益」。RevPAR 是衡量飯店客房經營水平和投資回報的一項重要指標。在國際通用的飯店教科書中，在國際飯店管理集團採用的統計體系中，以及飯店投資業主、飯店經營者、與旅游和飯店相關的咨詢公司都將 RevPAR 作為非常重要的指標來使用。客房出租率和實際平均房價是飯店經營活動分析中兩個非常重要的指標，但是，如果單從客房出租率或是單從實際平均房價分析或考核客房的經營業績，是片面的，甚至會得出相反的結論。而 RevPAR 將這兩項重要分析指標結合起來，能夠合理地反映客房的經營質量。

RevPAR 的計算公式為：
RevPAR= 客房收入 / 可供出租客房數 或 RevPAR= 客房出租率 * 平均房價

「微型旅宿」是我所蘊育的一個詞：其代表著 60 房以下的旅宿、民宿、青年旅館、日租民宿、沙發客、露營場地⋯等，很多人看到這裡可能就開始想我家的空房是不是也可以拿來出租？但實際上開間旅宿可沒那麼簡單，這裡我將介紹獨具特色的四間旅宿，它們各有各的特色，我將其分類為：綠代表 (GO GREEN)：葉綠宿、緻代表（精緻）：有窩、幸代表（小確幸、輕設計）：小南天輕旅、親代表（親民、人文、在地特色）：金門北山洋玩藝。

Chapter 01

為什麼他們
訂單接不完？

設計旅宿案例介紹
╳4

Case1

綠代表 (GO GREEN)
葉綠宿

我曾經在一家溫哥華的飯店服務過，它是家 ECO FRIENDLY（環境友善）的高端酒店，被 Green Key Global（綠色旅宿評估系統）評比為 5 Green Key Hotel（綠色鑰匙五星旅館）以及擁有 4 Green Key Meetings（綠色鑰匙會議計畫四星）。但在這邊的 ECO 不代表低廉或低價，它們是對於有效節能和減少碳排放和環保相關的建設，其在頂樓建立了有機蔬菜園區和養蜂區，早餐的生鮮蔬菜和現採蜂蜜是他們的一大賣點，而事實上早在 2008 年就開始進行這一系列有意義的活動。

終於，很開心在台灣陸陸續續有很多微型旅宿也被感染了這樣的氛圍。不諱言，在台灣做綠建築有很多成分是為了領取地方政府的補貼，尤其是綠建築的標準加諸在建築成本上不是一般微型旅宿能夠承擔的，所以好不容易能讓我們在台中發現了一個從頭綠到尾的葉綠宿旅館，它從 CI（企業識別）到建築體，甚至於到房內軟件的應用都處處充滿了 GO GREEN GO ECO 的清新感。

Data

葉綠宿旅館
台中市西屯區西屯路二段 287 號
04-2707-7373
www.greenhotel.com.tw/wp/zh/about-zh/
年度平均住房率：平均住房率 8 成以上

「我常被詢問到，為何選擇綠色環保作為旅店葉綠宿的特色，但其實我們並非刻意去選擇這塊作為特色，而是認為自然環保本來就是一個非常重要的議題，所以在確定要做自己的旅館時，就希望能透過軟硬體上的設計，去支持綠色環保這個議題。」葉綠宿旅館的主人 Kevin 這麼說道。而他們後來也發現這個堅持是對的，不但讓葉綠宿在一片設計旅館市場中，有其獨特性，也讓更多旅客了解到綠色旅行是可行的，甚至是更加愉快並具有啟發性的。

因此在硬體部分，葉綠宿館內有明亮的天井、用對外窗取代中央空調，讓自然通風採光成為可能。走進葉綠宿就像走進一座森林，13 米植生牆兼顧美感及降溫，還能釋放室內芬多精。另外館內全面使用 LED 燈、熱水供應系統採取熱泵加熱系統，而非一般旅館採用鍋爐製熱，更能兼顧節能省電。客房內不主動提供一次性備品，使用按壓式沐浴洗髮乳，淋浴節水。自 2017 年起，更全面採用飲水機做為旅客飲用水，館內不再提供瓶裝水，為的就是讓旅客更能貼近環保。因此，2017 年被他們定義為：葉綠宿環保元年。

▍陪睡小盆栽讓環保與人更親近

在軟體部分，葉綠宿在官網提供了環保專案：憑車票折扣、無備品優惠價等等來鼓勵綠色旅行。並且發揮小小巧思，將平淡無奇的房卡套結合風景明信片及書籤供旅客免費使用，增加旅客和葉綠宿的連結。而透過自製的台中市旅遊地圖，結合搭乘大眾運輸工具的方式設計，免費提供每位旅客使用，鼓勵旅人利用大眾運輸低碳旅行，同時體驗台中之美。

而旅館主人覺得自然環保本身對於大眾來說，是比較生硬有距離的議題，因此除了館內綠化讓旅客能親身感受自然的美好，更設計了可愛的多肉陪睡小盆栽，讓客人透過接觸自然、愛上自然，進而萌生對於自然環保的重視。

葉綠宿在每間房都放置了
可愛的多肉陪睡小盆栽，
讓客人透過接觸自然、愛
上自然，進而萌生對於自
然環保的重視。

走進葉綠宿就像走進一座森林，
13 米植生牆兼顧美感及降溫，
還能釋放室內芬多精。

經營行銷
心法

**在設定旅宿的主題之前，有沒有先調查過市場上有沒有相似的產品？
或是怎麼選定了這個特色？**

選擇一個主題是容易的，但是它背後必須有支持他的理念，否則一切都是空洞的，只是一個商業點子，但並不能帶來任何感動。你看在一片設計工業風當道的狀態下，葉綠宿顯得返璞歸真。我們回到旅宿業的原點去思考，對於旅客來說，一趟旅行的意義是什麼？炫目的設計只是一時，遠離繁瑣的日常，徹底的放鬆身心才是真的。旅人就像我們的吉祥物小蝸牛一樣，背著厚重的殼，一步一步前進，慢慢欣賞沿途風景，最後，尋找一片舒適的葉片棲息。葉綠宿為旅人打造安靜、明亮、舒適的休憩天地，導入自然光線、新鮮空氣，給旅人最清新的呼吸。讓旅人能好好充電、再充滿元氣地繼續下一段旅程。而我們在館內的體驗設計上，都是基於這個初衷來進行安排。

**葉綠宿這個品牌營造了很療癒的「小清新感」，
在設立一個品牌精神時，最困難的點是什麼？**

應該說，C.I.(企業識別) 是一切的根本，就像是 DNA，它會影響一切，可以說旅館的軟硬體及體驗設計都是按照品牌精神去走的。行銷則是 C.I. 的延伸，它像是一個手段，讓更多人能認識並了解到品牌。當然不可否認，堅持走自己的路，不受外在環境而動搖自己的初衷是很辛苦的，但也唯有堅持走自己的路，才是維護自己品牌精神的不二法門。

以環保為訴求的葉綠宿，館內有明亮的天井、用對外窗取代中央空調，讓自然通風採光成為可能。

微型旅宿經營學

Case2

緻代表（精緻）

有窩客棧

在花蓮這個民宿戰場，2016 年 1 月同期花蓮合法民宿數量到達 1485 家，約占全國 24.13%，但統計至 2017 年 1 月總額全國最多達到 1686 家，占了全台灣民宿 23.7%，而年度比較起來整整又成長了 13.54%，由此可見要在花蓮拚出一條血路只有兩把刷子是絕對不夠的，尤其在東岸人力資源不像是第一二線城市發達的狀況，能把軟硬體兼顧的民宿少之又少。有窩客棧是一個新的品牌，但不到一年的時間已經又開了二館，祕訣在哪裡？在我看來答案是「用心」。

D a t a

有窩客棧
花蓮市國興三街 82 號
0972-067-998
www.youworthinn.com/photos.htm
房間數：16 間
年度平均住房率：平均住房率 9 成以上

曾經有一位設計師前輩提點我，在設計好（硬體與軟體）一個旅宿空間之後，要讓女性友人「視察」一遍。原因有二：一來，女性多數細心，能修正男性設計師沒發現的缺點；二來，多數情侶訂房，女方擁有訂房「主導權」，太陽剛的風味無法完全吸引女性，有點女性的風情可以加分許多。這樣的論點看似有點道理，但一直無法證實，直到我遇見了有窩。

從品牌打造到設計裝潢的用心

有窩的誕生其實是旅宿主人劉璟萱經營五年背包客棧的延續，與七輪空設的安偉業一起激盪腦力，從無到有，油漆、批土、貼地磚幾乎自己動手，因為資金有限，捨棄了許多現成家具，從二手品慢慢購入，到老件舊貨，漸漸對於不完美的美深深著迷，在冷色調的大廳用溫暖的咖啡及泡麵放鬆旅人的疲憊。

有窩在外觀上採水泥外牆並不太能看見特色之處，但走進了騎樓看見左手邊堆砌的磚牆，看得出設計師特意把一些磚塊的角度以不矯情的方式修掉，創造出斑駁磚牆的模樣，讓人印象深刻。走進 Lobby 後看得到許多的軟裝，雖然都是獨立的物件，但放在這個空間的卻似乎是經過刻意的規劃，讓人覺得空間的安排極為細緻。另外包含房間的設計和浴室的動線、燈光的照射方向、建材的耐用考量，這些都是屋主一手包辦，也可能因為沒有本科系的包袱，空間和軟裝設計令人感到十足新鮮感。她在安排浴室時為了讓整體的色調能更平衡，硬是把馬桶蓋換成了黑色壓克力上蓋，讓整個浴室活了起來，沒錯！一個細緻的細節，讓畫面更加協調、更加完美。

「有窩的原意是『家』，而鳥巢是小鳥一點一滴使用樹枝不畏風雨完成的一個『家』，是精神指標，希望讓旅人在花蓮有家的感受，是有窩最終的核心價值，住宿同時體驗有窩手工的溫度。並使用時下年輕人口頭語，有哦！有窩！來增加親近感及記憶點。此外窩的諧音 WORK(工作) 跟 WORTH(價值)。」劉璟萱做了這番詮釋。

廚房的設計是自己畫的，外型像
個小吧台，開放式的廚房讓旅人
多一份家的歸屬，加上劉璟萱熱
愛烘焙，烤完蛋糕給客人品嘗評
分增加彼此之間的交流，能分享
是一種福份。

經營行銷
心法

在設定旅宿的主題之前，有沒有先調查過市場上是否有相似的產品？或是怎麼選定了這個特色？

其實有窩一直沒有主題限制，而一開始也沒有被任何框架圈住，但現在被定位在工業風格倒是滿開心的。市場上什麼風格都有，但是如果只追隨單一潮流大概幾年後就失去新鮮感，總歸還是需要整體美感，儘量避免重複性及辨識性高的淘寶貨，容易有廉價感受。

設計和監工不假他人之手，但施工現場要怎麼和工班們「有效地」討論？

施工前一定要買本工具書簡易閱讀，在談論細節時才不會被牽著鼻子走，花了大錢卻完全不是自己喜歡的風格。裝潢師傅分水電、木工、鐵工、泥作、玻璃等，水電細分出弱電專門，泥作分出砌磚、灌漿及貼磚專門。光是鐵件也細分白鐵、鍍鐵、黑鐵及鋼鐵等，差別在價格及易鏽成度。所以多閱讀些工具書即使是門外漢也能輕鬆掌握細節。

施工前後要提點業者們的注意事項？

施工前一定要註明所有產品品項細節及工程進度時間，我比較在乎品質及售後服務，不會一直比價及殺價，因為一分錢一分貨，多付一點不見得會吃虧，而好的房子能使旅宿減少更多事後修補問題，賺更多第一桶金回來。我會先設定想要的風格，並參考國外的 APP，依空間需求去尋找喜歡的軟體，擺放後拍照，慢慢調整找出最適合位置，當然！一開始基本的弱電，還有電視位置、WIFI 一定都要先決定好哦！

多數的旅宿在床頭板上不會太拘泥，不外乎是木板、甘蔗板、床頭繃板，但有窩卻是和木工協力分割出一些幾何圖形，排列出了一張極具風味的壁畫床頭板。讓人印象深刻。

壁貼有立竿見影的成效，尤其是現在進口壁紙幾可亂真，風格也強烈，適合妝點大面的白色牆面。

幸代表（小確幸、輕設計）
小南天生活輕旅

微型旅宿的另一個重點也就是迷人的價格，在消費者心中 cp 值高，覺得物有所值，甚至有時候能超越期望，一旦現實狀況超過了想像中的情境，就能賺到所謂的「小確幸」。而身為旅宿業者，小確幸要怎麼「創造」？台南有很多身經百戰的微型旅宿，它們必須抵抗文青日租，也需抵抗高貴不貴的五星，更要和地點極為便利的廉價旅館廝殺，這群微型旅宿已經練就出了一身好功夫，堅固的客群結構、健康的價格行銷策略，小南天就是因為它能透過區隔行銷，實在的抓住自己的市場，有點龜毛、有點特別、有點神祕又有點讓人驚奇，而穩穩站牢市場。

Data

小南天生活輕旅
台南市中西區忠義路二段 158 巷 74 號
06-223-1666
www.ssshotel.com.tw
房間數：28 間房
年度平均住房率：6 成以上

位於台南市中西區巷弄內的小南天輕旅，旅店旁為擁有 300 多年歷史也是全台唯一的黑面土地公廟，其據歷史記載更是明清時期唯一的土地公廟，而小南天之名相傳則是明永曆 20 年，寧靖王朱術桂前往此地遊覽，望見秀麗山水，認此地可比南天勝地，故題「小南天」；正因為如此，依偎在一旁將近 114 年歷史的老厝經過店主人的發掘、邂逅及改建下，以小南天為名賦予了全新生命。

▌女性取向微旅宿走出老宅新路

而在台南這座古城中，老宅新生的各式商機處處可見，舉凡餐廳、飲料店、旅宿等等有如雨後春筍般地冒出，但矗立於巷弄之內的小南天生活輕旅卻是和大夥走出不同的道路：僅限女性客人入住，男性旅客須有女性朋友陪伴入住，這樣特別的女孩房條件。也因此，設計師用現代女性線條的建築視覺美感，打造出專屬於小南天女孩的旅遊閨房。

正因為是以女性顧客為主的旅宿，在硬體設計上以簡單的日式 MUJI 清新樣貌詮釋，而軟體的細節上也多有著墨：植物環保瓶礦泉水、自然純淨綠色髮妝品牌 O'right 歐萊德精品沐浴精、洗髮精及「德國曼寧有機花茶茶包」，不以炫麗的外觀取勝，而是從細節與服務令人感受賓至如歸的享受。

此外 Bob 也從小南天的官網就發現這家旅宿的特色 DNA，品牌特徵非常鮮明，小確幸的女孩風格也讓大男生都為之融化呢！

以女性為主要發展方向的小南天生活輕旅，在設計方面不走原本台南的老宅路，而是以清新 MUJI 風贏得客戶的喜愛。

經營行銷
心法

在設定旅宿的主題之前，有沒有先調查過市場上有沒有相似的產品？
或是怎麼選定了這個特色？

　　小南天生活輕旅位於鬧中取靜的巷弄中，而其先天的小房條件，就讓所有接觸到她的人無形中被引導到專為女性旅人設立的方向，可以說是絕佳的緣分，成就了小南天女性旅客住宿空間的品牌定位。

在設立一個品牌精神時，最困難的是什麼？

　　品牌營造是個持續不間斷的毅力工程，小南風生活輕旅則是持續堅守對女性旅客承諾、打造團隊行事風格始終一致的企業文化，並不因眼前風潮小利而違背品牌精神，這樣的堅持，才能成就一點一滴的品牌定位，深入女性旅客方寸之中。

小南天官網訂房三大保證：
保證最佳優惠價格！保證獨家優惠專案！保證無線上訂房手續費！
對於官網訂房，有沒有什麼觀念想要分享給同業？

　　一間實體旅店天生就具備高固定成本、低變動成本的特性，加上房間住宿服務具有「時間財」特性，因此，多通路布局及彈性價格政策就是一個優良經營團隊應該具備的靈活策略，但在此同時又要維持對顧客的品牌承諾，官網直接訂房和忠誠客人專案就是最佳的平衡選擇。

因為是老旅社活化，在格局上有所限制，但在設計師的巧手安排，讓房間功能性增加，採光更是神來一筆。

Case4

親代表（親民、人文、在地特色）
金門北山洋玩藝民宿

金門這地方其實是一個 Bob 從來沒有想要特別前往的一個神祕外島，但因為工作需要，我在 2014 年時首度飛到金門探勘。在理解了當地的旅宿環境後，我把金門民宿分為三類：閩南式建築（極多數）、平房現代式（家庭式經營居多）、洋樓式經營（少數）。而金門北山洋玩藝民宿舊式洋樓形式更是位在民宿數量較為稀少的區域：古寧頭北山。擅長行銷與攝影的他們透過照片、透過當地食材料理、在地私房景點，把真正的在地文化傳遞給旅客，這種傳遞不是刻意的、不是矯情的，而是讓人願意欣然接受、沒有排斥且自然融合進入。

D a t a

金門北山洋玩藝民宿 金門縣金寧鄉古寧頭北山 171 號 08-232-0879 www.facebook.com/yangwanyi171/ 房間數：四間（包棟可住 20 位） 年度平均住房率：77%

「因為金門是一個閩南聚落文化島嶼，最大的特色就是燕尾馬背的紅磚屋，在金門這樣人文背景特色強烈的地方，不選擇閩式紅磚屋是笨蛋，但是燕尾馬背同質性又太高，所以當時目標就是紅磚古厝，考慮物件又要有差異化，於是閩南式古洋樓就是我的首選，金門有上萬間的燕尾馬背古厝，但只有百來間的洋樓，目前僅存能住人的更不超過四分之一，所以北山洋玩藝民宿的差異化就出現了。」金門北山洋玩藝民宿主人 Jack 闡述著當年選擇古洋樓來做為民宿的原因。

▊ 永續經營除了差異化更需具有好的行銷思考

藉著先天古洋樓的優勢，這裡的設計可說是渾然天成，搭上復古風潮，每一方寸都是回憶與想念的留存，仿若倒轉時光 20 年，但其實這樣的老宅在全台灣俯拾即是，民宿主人運用在地化的旅遊分享跟行程包裝，做出跟市場的差異化產生亮點：「我們專注做在地生活體驗的旅行感動。舉些例子來說：首先如同我剛剛所說的，我們所經營的是『洋樓民宿』，金門大約只有五、六間洋樓民宿，從這裡開始就產生差異化；第二，金門達人旅遊私房體驗：全亞洲最大石蚵田的導覽嘗鮮體驗、賞鳥、金門陣頭開臉面具，彩繪風獅爺，自然系葉拓創作等手作課程等等，除了大家會上網分享，也常常吸引媒體願意自動來報導，而這也是一個強而有力又免費的行銷方式。」Jack 一一數給我聽著，而這些也會是我這本書所要講述的重點：設計與行銷經營並重，即使你有得天獨厚的條件也是需要擁有好的行銷管理並重，才有辦法永續經營。

不只提供住宿，還提供各式各樣的合作，金門土豆音樂季就在洋玩藝民宿舉辦。

Jack 的母親是民宿御廚，每天民宿為客人親手做早餐，做出專屬北山洋玩藝的味道。

經營行銷
心法

在外島經營民宿，你會給一樣狀況的民宿業者什麼建議？

1. 咬緊牙關、眼睛閉起來，堅持走下去
2. 必須有很強的理念跟執行力，不然絕對失敗。
3. 民宿不是用來賺大錢的，民宿是一種態度，一種生活，一種交心的活動，如果參透這些你會賺得更多，交到更多朋友，事業觸角伸得更長，產業做得更大、更好、更多，到時候錢自然不是問題。
4. 用心對待每一組客人，絕對可以讓你有做不完的回流客群。
5. 絕對不要用成本理論來評估民宿，用心的經營事業是沒有成本的。

因為地緣關係，在針對目標市場（大陸）時有沒有什麼好工具可以分享給大家呢？

　　我最愛的三個祕密武器 1. 微信 Wechat 2. 支付寶 Alipay 3.FB 粉絲團，說到前兩個，一個是通訊 APP+ 支付平台，一個是大陸的第三方支付平台，很難想像在中國大陸對他們的愛用程度已經超越了銀行，很多朋友說銀行只是公司將薪資轉入帳戶的一個媒介，在大陸大家早已經不那麼愛把錢放入銀行，反倒是支付寶內的利息反而更高，還可以同步繳交水電費、手機費、信用卡費等等十分方便！

經營粉絲團

　　常常很多業者跑來金門找我們聊聊旅宿的經營與發展時，第一句話都會問「你們的粉絲團是外包的嗎？」但哪有那麼好的事！除了靠自己還能靠誰？粉絲團需要的是即時的訊息，當然有很多內容與文案可以預先構思好丟進排程中讓他們自己發布！但最重要還是必須結合當時的事件來做分享，讓粉絲有想替我們分享的

念頭就成功啦！說到我們家的粉絲團，我們擅長用本身的攝影專才，並以當地人的視角看金門，長年使用吸睛這個模式為主軸加上不定時搭配活動：送住宿優惠券與名產等等，讓來過的客人增加黏度，沒來過的朋友增加欲望。

而在 2016 年初洋玩藝粉絲團也做過一檔活動，聘請台灣攝影師來金門，將我們的日常生活拍攝，並結合當時季節的金門美景與民宿主人來做影像創作，一方面讓民宿曝光一下，另一方面就是藉由影像讓大家體會這個季節的金門美好，那次籌備的活動效果很好，也因此吸引了好幾組包棟來民宿拍攝旅拍的客人，讓我們十分滿意，也決定未來會持續做這樣的主題。

運用 OTA

說到 OTA，經常遇到新開的民宿同業見面第一句話就是：「你們家都用哪一家 OTA 呀？大陸的好還是台灣的好？哪一家賣得比較好？」

過去一開始對於 OTA 存在著反感是因為總是佣金幾 %、總是合約和控房，但我說幾個真實案例，讓大家知道 OTA 是真的有價值存在，並且是我們的好夥伴。

1. 客人在朋友的推薦下想訂我家民宿，因此他要到了我的微信帳號，與我取得聯繫，我們雙方相談甚歡，他當下決定要訂房的時候，他問我：「在哪一個平台上賣房？」親愛的你已經在跟老闆對話了耶！你確定還需要透過 OTA？

當下他的說法讓我滿震撼，他說：因為是很多朋友要一塊過來玩，避免出狀況，覺得在 OTA 線上預訂雙方都有保障！ YES ！他說得沒錯，這是一個具有公信力的媒介，若交易出現問題，OTA 是可以為兩方做一個公平的判定。

2. 但相反的案例來了：有個客人用微信搜尋到民宿的名稱之後，找到我表示要訂房。

「請問你怎麼知道我的？」
「我在 OTA 上看到你們的民宿，非常喜歡，想跟您訂房。」

「那親愛的你怎麼不直接在 OTA 上預訂呢？」

他竟然說：「我找到老闆了！我就直接跟你訂！可以給我一些折扣嗎？」

是不是很有趣呢！於是我們給他一點點的小折扣，愉快地完成預訂。相信我，OTA 絕對是你最大的行銷管道，不要拒絕他！可以和它們找到一個默契達到雙贏的利基。

其實剛開始我們擔憂 OTA 是否能夠與旅宿完美搭配，因為當客人透過 OTA 訂房後往往對金門沒那麼熟悉，一時一刻要找到位於古寧頭的洋玩藝民宿絕對不是那麼容易，在沒有交通工具的前提下，下了飛機之後肯定慌亂，但現在，旅客他們透過 OTA 訂房之後找到上面的電話就打來確認了後續的狀況，完全不用擔心客人能不能找到我們。OTA 反而提供了我一個平台媒介讓更多人知道我們，何樂而不為。

我認為 OTA 要適當的使用與運用，並經常更新它，放上即時的照片可以吸引更多的人線上下單，雖然是有佣金但房間空著一樣沒收入！

> **Bob 小提點：**
>
> 利用他！善用他！活用他！

服務隨時 ING 的小竅門

我們經常會擔心服務不周，客人沒辦法及時找到我們，或者房子太大，客人找不到小幫手，這時我們通常在客人 Check-in 後請他加入我們預先開立的一個群組中，台灣客人引導到 line 群組，大陸朋友則到 Wechat，當天所有客人都統一進群後，民宿主人有任何事情需要發布都會在上面一起發布。(當然民宿的小幫手與民宿主人都必須加進去，才能達到同步的效果。)

舉例來說：「各位洋玩藝民宿的朋友們，明天早餐用餐時間為 am7:30~am9:00

之間，吃的是道地的蚵仔麵線，由於麵線有賞味期限請大家務必在這個時間內用餐喔！接著客人會回饋意見：「A 組客人：老闆，我早上八點吃，B 組客人：我想要九點吃，C 組客人：老闆我想睡到自然醒，不要幫我準備，謝謝。」然後我們統一進行彙整，方便又清楚，又留有資料，旅客之間也因此有了交流的機會，也會在旅行中認識新朋友（互相加為好友）；等大家離開民宿後群組的人都統一清空，但依然保留在我們的通訊軟體中，持續新增在我們的會員名單中，離開民宿後仍能繼續對他們展開吸引戰術。而這也會成為資料庫，將是日後營銷重點客戶並可以不定期推送民宿相關資訊。

當心中浮起開一家微型旅宿念頭時，必須考量到幾個重點：旅宿的形式、規模、可用資金以及如何管理這些面向，在這個章節裡，Bob 將手把手教你如何從一條毛巾開始，建構獨一無二的特色旅店。

Chapter
02

從 1 條毛巾
開始學習

微型旅宿的規畫

START
設計 | 絕對值 | 的微型旅宿

在心中設定一家微型旅宿時，必須考量到幾個重點：旅宿的形式、規模、可用資金以及如何管理這些面向，假設現在決定想要以 Hostel 的模式進行，你覺得多大的量體適合在當前的區域，在當前的區域要用輕資產方式還是有足夠資金購入物件？屆時的管理層面是否親自下場或是要砸錢僱請傭兵，這些都是必須縝密思索的要項喔。

微型旅宿的設計步驟

確定要進入旅宿業後，接著則進入重頭戲，如下圖所描繪：

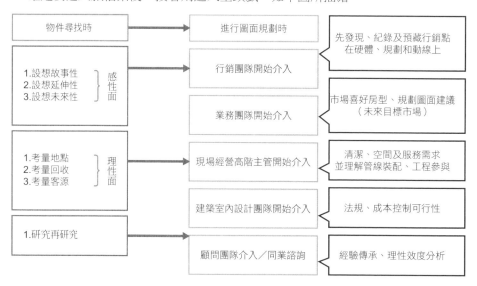

1. 尋找物件

　　劃定商圈／區域後（例如：墾丁區域），開始尋覓合適物件（透過同業、仲介、代書、網路資訊、鄉野調查…），在找尋物件的同時應把感性和理性的層面一併放入思考，例如在白沙灣區段，這裡有自行車車道從大門經過，旁邊幾乎沒有建物，觀察一下晚上的周遭環境沒有光害，步行到白沙灣約莫 200 米，周邊能否有潛水環境，先簡單列出行銷賣點＃星光＃無擾＃海灘＃潛水＃自行車等等，設想其可行性與競爭對手考察和成本考量，拜訪當地里長、派出所、海巡、鄰居了解現況與歷史。

2. 測算成本及回收年限

　　接著針對地點選出最多優勢的物件，開始根據地坪與規模測算所需成本及回收年限：回收年限必須要有預測的住房率和平均房價，可以透過 MSE（註 1）蒐羅附近旅宿來抓符合物件的「價格」，這個價格通常是低估的，因為「未來」再加上行銷後的「價值」，往往能縮短回收年限；這時候也同時讓行銷和業務團隊按照圖面的房間規畫和未來的房價趨勢做一個整體性評估，未來的主理人也一同進入進行試算和討論，針對動線和目標市場來修改圖面，讓室內設計團隊和業主在成本的監控機制下來調整規畫，最後再透過更細項測算報告和完工後的狀況來調整價格定位。

3. 行銷團隊同時進駐

　　在此同時建立粉絲團測測水溫，挖掘未來的房客或發現潛在的目標客群，若預算能夠負擔，編排一些預算導入行銷顧問、管理顧問來加強於開幕前的整備和方向定位，在國外透過行銷顧問或管理顧問做短期服務監督是常有的狀況，這樣的風氣目前在台灣還不算興盛，尤其是微型旅宿者往往是校長兼撞鐘，也因為這樣必須要經歷很多錯誤的路徑，在開幕前的短期顧問服務，一次性費用我覺得很有機會是你的救命仙丹，在還沒出錯先導正你的步伐是值得的，就像鄉民常說的：

「閉嘴！讓專業的來。」

▋ 不管你是 -1 還是 -99，只要套上｜絕對值｜，旅宿分數一秒變「正」

使出洪荒之力不見得能創造出成功的旅宿，還必須「剛柔並計」！我一直強力奉勸各位旅宿業主，若想要經營一個有潛力的微型旅宿必須著重在「剛」「柔」並「計」三個重點：分別代表著，硬體、軟體與算計。但這裡的重要程度該怎麼分配呢？若是一個全新物件，哪一點該優先考量？

在我輔佐旅宿業者時，我常建議「行銷設計」要先走在前頭，而不是先有硬體才想軟體與數據，先想想在這個地點、這個物件要用什麼樣的行銷方式去吸引客人，以及長遠經營為優先。而行銷設計也正是軟體＋數據的產物，這三大重點不是單獨發展，而應該是相互加乘應用：硬設計則包含所謂的建築與室內設計，如何有效的發揮空間及善用工具節省成本…等等。軟設計即包含所謂的服務流程和標準化內部程序等；數據設計則是包含了線上訂房操作、顧客關係統計、控房軟體應用、渠道控管工具、收益管理工具…等等。

註 1： MSE: 元搜索引擎（Meta Search Engine）是一種調用其他獨立搜索引擎的引擎。「元（meta）」為「總的」、「超越」之意，元搜索引擎就是對多個獨立搜索引擎的整合、調用、控制和優化利用。我們以 TripAdvisor 來解釋一下它的運作邏輯，旅宿們把房間和價格上傳到各 OTA 後台，後台資料拋到前端供搜尋引擎撈數據，消費者透過搜尋引擎來提交並且得到結果。這裡是指有比價功能的旅宿房價搜尋網站：TripAdvisor、Hotelscombined、Kayak、Trivago、Room77 和去哪兒等。

軟體
- 資訊軟體應用（例如：控房軟體）
- 服務設計（例如：訂房流程標準化設定）
- 深入人心的服務體驗（含人力）

硬體
- 建築設計
- 動線規畫
- 旅宿特色營造

數據
- 線上訂房分銷數據工具應用
- 網民評論數據統計
- 競爭對手數據分析

例如：動線

軟體

例如：線上行銷（廣告）

硬體   數據

例如：BIM 利用
旅宿三元素不是分開進行，而是需要相輔相成運用。

2-1
微型旅宿的硬設計

√ **軟件備品挑選唯一要項：共感**

√ **安全性產品不能省**

√ **能源節省又多功的設備最適合微型旅宿**

未來的老闆們！透過你獨到的眼光以及趨勢分析後，是否已經開始規畫整個動線、空間以及帶有自己個人特色的各式元素進去了呢？在這章節，我們從感性，客戶的角度出發，讓我來先來提點硬體的購置及設定小撇步。

2013 年酒店消費者差評率要素解析	
酒店內部噪音	空調噪音、排氣扇噪音、裝修噪音、走廊噪音
異味	洗手間、房間、餐廳、床品、走廊
電梯	沒有電梯、太難等、嗡嗡響、壞了、晚上不提供電梯
排水	淋浴排水不順暢、廁所排水不好、洗臉盆排水不暢、沖涼水出不去
潔具	品質很差、不換潔具、質感差、偏舊
電視機	電視機太舊、老式、太小、頻道少、信號不好、不是液晶的、離床太遠、位置太偏
走廊	走廊響聲聽得很清楚、走廊員工一早就吵、昏暗、又長又黑、像迷宮、有異味
電器	電器壞掉、燈開關複雜、充電插座少、沒有匹配的充電器可借
空調	噪音非常大、暖氣功率差、不夠冷、12 點之後停、沒有暖氣、老了、壞了
洗漱用品	沒有洗漱用品、額外收費、很一般、不像五星級、沒有刮鬍刀

好的毛巾讓客人升天，負評只是一瞬之間

現在社會網路發達，所有的訊息都可以 Google 取得，飯店的宣傳容易但也暗藏危機，只要幾個負評就能讓你的努力付之一炬，上述表格是負評率的解析，從客人注意的小細節出發才是微旅宿成功的根本。

首先，我們從房間內的所有床用織品（被單、床罩、毛巾…）講起：
「大毛、小毛要買幾兩的啊？」
「床單要買幾支紗的呢？」

常常有旅宿業者這樣問我，其實就織品的部分，我只建議一個原則：「己所不欲，勿施於人」，強烈建議業者每項樣品在下訂前都自行使用，且經過清洗流程，確認品質狀況，一般家用毛巾大多 12 兩，高端飯店則會到 20 兩，這也就是為何我們入住高端飯店時，臉頰碰到毛巾會有升天的感覺了！但這裡並不建議微旅宿的我們比照應用：我們必須考慮到房務工作時搬運的體力，清潔烘乾的難度以及被順手帶走的不固定成本…等。顏色則建議還是以白色為主，染色的織品吸水性不佳，況且白色的視覺觀感在消費者來說比較安心，而在業者角度，若有破洞或清潔不周的地方也可容易察覺。

接著重點來了！那我們織品的安全庫存呢？這裡我絕對不會淪於學術的告訴你算式如下：

$$SS = Z \times \sqrt{STD \times STD \times L + STD_2 \times STD_2 \times D \times D}$$

Z -------- 一定顧客服務水平下的安全係數；

STD2--- 提前期的標準差；

STD---- 在提前期內，需求的標準方差；

D-------- 提前期內的平均日需求量；

L-------- 平均提前期水平；

眼花撩亂了吧！上面的公式就 Let it go ！安全庫存量的多寡其實也被以下幾項因素影響，從這之中我們就能找到其中的計算法則。

1. 住房率 -（已出租客房數 / 可出租客房總數）*100%

住房率越高，織品折舊率越高，突發狀況的機率成正比。

2. 地點

若旅宿位置周遭景點靠近海邊或溫泉，常會有客人會攜帶毛巾、浴巾外出，我們的織品安全庫存量也得拉高，除了大毛、小毛，地墊和床單也都必須戒備才是！

3. 客人屬性

這代表你需要確認旅宿的目標客群（target market），是親子遊、商務客人、背包客或是特定國籍別客人…等等，這些也會因為屬性不同需求多少也不同：親子使用床用織品高，而商務客與背包客較低。

總的來說，必須採用同色系（避免使用特製款），讓其可互相頂替，一個房間的各式樣織品算一套，建議每一個房間至少準備到三套（含使用中），洗烘衣設備也必須有備用機台，即便沒有備用機台，也要能有配合的送洗廠商能救急，存放備用品的空間要乾燥，最好能有塑膠套 / 真空包保護，避免小蟲子及汙漬的可能性，而不同尺寸的床被單或毛巾，建議在標籤處縫上不同顏色作註記，方便房務配送。

床用織品 check list

- 儘量選用白色系，並避免使用特製款。
- 計算 linen 安全庫存考慮：住房率、地點、客人屬性。
- 每房準備三套。
- 洗烘衣需有備用機台或是固定的配合廠商。
- 洗淨後使用塑膠套 / 真空包保護。
- 不同尺寸的床被單或毛巾做上標籤註記。

睡眠不在高級床具，而在於睡得好、睡得香

在織品的挑選後，接著當然就是布類覆蓋的家具：床具，而這也決定一間旅宿好壞的重要關鍵，畢竟我們住進旅宿最重要的事就是睡覺！床具的選擇以及配置絕對是不容小覷。

床的大小取決於空間和銷售方向，我會建議旅宿不要只有單一房型，若空間上允許，可彈性組合各種房型。一般房型通常分為：雙人房（DOUBLE for 1 or 2 pax）、雙床房（TWIN for 2 pax）、四人房（QUAD for 4 pax）、單人床位宿舍房（1 SINGLE BED in ＿beds mixed dorm）。

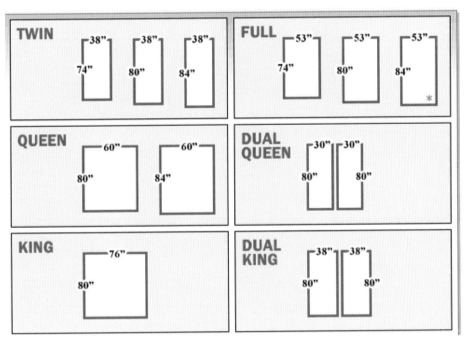

註：1 英尺等於 12 英寸，1 英寸等於 2.54 公分

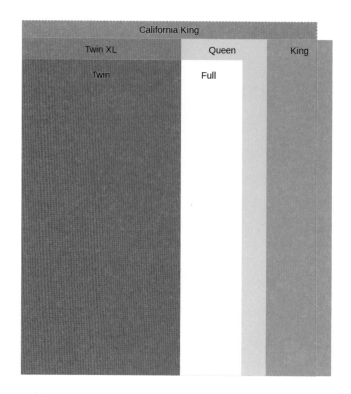

　　而在房型及尺寸搞定後，床墊（Mattress）的選擇也是得注意，因為床墊長期商業使用，容易彈性疲乏，建議使用耐久、品質較佳的床墊；一張好的床墊配合保潔墊的運用，使用 10 年是沒問題的，而床的軟硬度每個人的喜好程度不同，不容易拿捏，我們可以了解一般的八種床墊分類：偏好支撐強硬床墊、偏好強硬但服貼、偏好柔軟且服貼、頂級尊榮型、淺眠者、銀髮族、發育中青少年、過敏體質者等，而這些見仁見智，可從經營者的角度衡量，並請人試躺，找到最適合自己旅宿的床墊。

　　從我以往的經驗，其實床墊的選擇，不見得一定得崇洋，選擇歐美品牌，許多本土的彈簧床公司也默默的支持著我們台灣旅宿業；也不一定非得堅持獨立筒，只要購入前模擬使用的狀態，鋪上保潔墊、蓋上床包，翻身各角度試躺個 10 分

鐘，相信很快就可以決定出適合的床墊。至於加床用的床墊，為了縮減空間耗費，建議折疊床或是三折式舒眠墊，若房間裡有空間擺設沙發，也可以沙發床替代。

▌ 利用家具感受外宿住居溫度

從床為核心，延伸到家具的採購方向，則跟所有的硬體核心相同，講求好操、耐用！不過在預算可接受的範圍下，會建議老闆們可以考慮多功能的家具或善用小巧思的小道具，在細微之處能徹底展現出旅宿主人用心的程度。

另外，雖說家具是冷硬的物體但若能讓使用的客人感受到「溫度」，也能為整個住宿體驗加分，手作的家具常是好選擇！

▌ 衛生第一！安全第一！省錢第一！

電子設備不僅是現代必須也是旅客十分重視的環節。接著，我們來聊聊電子（周邊）設備：包含電視、吹風機、電熱水壺、燈具、冰箱、插座配置數量等。

電視

「我看隔壁民宿的電視有 42 吋耶？我的才 32 吋！ 我是不是也得跟進才有競爭力？」我曾經被旅宿業者這樣問道。

但以微型旅宿的角度來看，我們提供的設施設備不見得必須樣樣追求頂級、高尚，如果你的旅宿定位如此，當然另當別論。而就一般論，電視的選購，建議可依住宿空間去評估，32 吋液晶對於一般 5、6 坪的房間已經相當夠用，並可選配懸臂式吊掛，方便客人移動操作多角度觀看，此外也建議裝設多媒體內容傳輸平台（MOD-Multimedia on Demand），它的好處在於有高解析度的畫面，又有多國語言為提供多種語言可切換，可以符合各種客人的需求！

吹風機

而關於「吹風機」，YES！這裡說的就是吹風機，這樣看似最容易挑的產品，卻常常會掀起波瀾。我會建議購置「壁掛式吹風機」，曾經有旅宿業者學習巴厘島 VILLA 那套，把折疊式吹風機裝入了一個精緻的棉布束口袋，並且把這束口袋安置在水槽右邊底下第二個抽屜裡面⋯是的，櫃台多了一個工作，總是被問道：阿你們沒有吹風機嗎？

壁掛式除了顯眼，也可減少客人取放摔傷的耗損率，房務部人員在整備時也能夠節省不少時間，當然！也可以減少不小心被帶回家的風險。但若是老闆們不想要鑽牆挖洞的話，放進束口袋的這支吹風機仍是要注意它的瓦數及品質，市面上許多經濟型的吹風機容易過熱斷電，這也會造成不便，另外，若能附帶烘罩，這樣的貼心設備也能夠打動客人的心喔！

電熱水壺、快煮壺

至於電熱水壺、快煮壺，以安全耐用好清洗為準則，建議使用 1 公升容量的雙層快煮壺（不鏽鋼內膽），因為旅宿業發生在電熱水壺的缺失還不少，除了底座掉落造成客人燙傷的憾事，不潔的因素是最多人詬病的，每回房務清潔，必須著重於此項目。衛生第一！

熱水器

熱水器的選擇，若空間上許可，建議使用儲水式電能熱水器，加侖容量依房間數量來評估，瓦斯燒水的安全性是比電能還要低一些，一些舊社區可能也沒有天然瓦斯管路，必須使用桶裝瓦斯，不便性增加，沒有特殊需求的話，電熱水器應是最好的選擇，另外為了避免漏電問題可以請廠商安裝漏電斷路器，太陽能熱水器優點多，但是必須安裝頂樓，不見得適宜所有物件。

燈具、插座

接下來是燈具及插座，燈具強烈建議全系列使用 LED，雖然購入成本高一些，但長久來看，電力節省的部分，還是會讓老闆笑開懷的。另外插座的部分，除了要有三孔的插座，儘量能夠提供 USB 供電系統，在備品室另要備妥數個多接頭轉換插頭以利不時之需。

WIFI

再來是 WIFI 設備，尤其是垂直樓層或是牆面結構厚實的業者，這是他們的痛腳！除了本身分享器的天線必須有 IEEE802.11ac 無線技術，高 dpi 和高傳輸速率之外，針對收訊死角，建議購買 WIFI 強波器，只要有插座，免拉線、好安裝，只是要注意避免被順手牽羊。

冰箱

電子設備的最後，「冰箱」是我每每被受邀參觀房間時，絕對會注意的關鍵。為什麼？因為冰箱壓縮機運轉聲音對於淺眠的客人來說無疑是失眠那「壓倒駱駝的最後一根稻草」，我會建議購置無壓縮機的冰箱設備，公升數可按照置放的空間或是客人屬性來調整，現在這些產品日新月異，在一般 B2C 的網路通路都已經唾手可得，價格亦是非常親民。

商務空間：給我網路吧！

現在人沒有網路可能像是少了胳膊少了腿，旅宿裡除了提供 WIFI 外，這裡的商務空間指的其實就是一個讓旅客可以恣意使用的空間，在大廳或交誼廳提供著電腦商務設備，通常一些小旅社沒有服務中心的櫃台，但往往能提供出一個這樣的空間，讓客人直接詢問 Google 大神。大部分的業者都會放上一台桌上型電腦，而一些科技感的旅宿會放置 APPLE 的 iMac 系統，但其實 MAC 不見得人人會用，這時我建議 Windows 系統也要能夠擺放一台，或直接就放 Windows 系統的 PC 即可。

微型旅宿的建築與室內設計

▎「風格」+「坪效」+「光線」+「氛圍」+「話題」+「成本考量」…

　　硬設計泛指建築設計與室內設計，如何有效的發揮空間、故事及善用工具節省成本，是在和設計師們在籌備時要放進去的首要概念。當然，設計的東西很主觀，到底能不能夠獲得每一位旅客的青睞這件事我們說沒個準，但是至少要力求讓空間在舒服的狀態下有效利用。除了公共區域，每個標準房間在微旅宿的平均空間大略是 3~10 坪左右，在這樣的空間我們要怎麼去安排出理想的格局？在這個專欄裡將與設計師談談如何打造有別於隔壁人家的設計旅宿。

「日本 PIECE HOSTEL」京都館的外觀與空中休憩區（Sora Terrace）。

Q&A

設計達人！

普羅室內設計執行長
盧建興

擅長空間設計規畫，老物件活化

一位腦袋裡無時無刻充滿創新創意點子的室內設計師與旅宿經營者，善於空間規畫讓小坪數的空間能有效利用並創造最大的坪效，是一位空間的魔術師！

專長：室內設計、旅宿營運管理、旅宿展點分析、專案企劃整合

經歷：八里泡泡窩　　設計師
　　　　普羅室內設計　室內設計師
　　　　宋毅設計　　　室內設計師
　　　　坪好設計　　　室內設計師
　　　　東南科大　　　講師
　　　　經國科大　　　講師
　　　　正修科大　　　講師

Q 1. 設計旅宿空間和設計自家有什麼不同？

　　在設計居家空間的時候僅須符合單一客戶的需求做設計；然而在規畫旅宿空間的時候，往往需要考量更多的面向來滿足大多數旅客外出留宿時的需求。因為旅宿空間需要將所有客人會使用到的機能集中在同一個空間內，除了床以外還需要書桌、衣櫥、冰箱、Mini bar 等設施設備，類似目前市場上許多建案推出的小坪數套房設計概念。

　　此外，在旅宿空間設計考量更多的是安全系統，在備品、設備、家具及傢飾的挑選上需具備安全性，動線規畫與設計風格則要滿足大眾的需求。也因為旅宿空間的設計顧及的面向更周全，近年來也越來越多人喜歡將旅宿設計概念融入居家空間，結合個性化的設計，成為近年來小坪數空間設計概念的趨勢。

Q 2. 旅宿的公共空間是吸睛焦點，如何才能與眾不同？

公共空間，最重要的莫過於「商務分享空間」、「交誼分享空間」和「料理分享空間」了！

「商務分享空間」之所以不可取代，主要是因為商務使用不會因為客人在旅遊的過程中減少，而現在也有越來越多人是在旅行途中一邊工作，因此在公共空間的設計上，也會著重在網路設備以及電腦與相關周邊設備等。

在大部分旅宿的大廳設計，有些雖然富麗堂皇，卻也常常讓人有種冷冰冰的距離感。但因為旅行的意義就是在於不同文化與經驗的交流，建立一個可以讓人與人之間交流分享的平台，也能讓旅客為旅行增添不同的色彩、創造更多的回憶。也因此在普羅室內設計的窩系列旅宿內的交誼空間，總是可以見到一張很大的原

旅行的意義在於不同文化與經驗的交流，舒適的交誼空間能讓旅客們在此放鬆，並分享彼此的旅途種種。

木長桌，旅客們沿著長桌而坐，聊著今天發生了哪些好玩的事情，明天又將計畫去哪裡，就像在家裡客廳一樣舒服自在。

而「料理分享空間」則是依據人們生活基本需求做「飲食」設計，藉由飲食文化的分享拉近人與人之間的情感和距離。開放式廚房的設計讓客人在使用上多了一些彈性，沒有使用時間限制讓客人們可以更自在的享受料理的過程。

Q 3. 套房的空間通常有限，如何讓空間有效利用？

有效利用空間往往是在小坪數空間設計中最重要的議題，在套房的設計上我們可以將套房分為兩個區塊，分別是睡眠區和浴廁區。在睡眠區的規畫上，可以將床的擺放位置推至角落靠牆，如此一來便有更多的空間可以擺放書桌、衣櫃及 Mini Bar 等。而大部分的浴廁主要為三件式設計，即是將淋浴（浴缸）、馬桶與洗手台都設置在浴廁空間內，但這樣的設計往往也造成當一位客人在使用浴廁時，另一位客人便無法同時刷牙洗臉等梳妝動作。因此，將浴廁空間改為兩件式設計，保留淋浴（浴缸）和馬桶，並將洗手台拉到外面與梳妝台或 Mini bar 共用，除了可以減少浴廁二分之一的空間，也能讓房內客人得以同步作業，節省時間。

兩件式浴廁設計除了可以減少浴廁二分之一的空間，也能讓房內客人得以節省時間同步作業。

Q 4. 注意！旅宿業者在空間設計時的通病

　　有些業者在旅宿空間的設計上往往會參考大型飯店設計，卻忘了考慮到旅宿本身的定位以及客人的需求，可能最後導致建置成本過高、設施設備使用率不高以及空間無法有效利用等問題。舉例來說，許多業者在套房內因為商務客的需求，將房內三分之一的空間規畫為辦公區，但若能將書桌設計為床頭櫃的延伸，就可以釋放出更多空間作為 Mini Bar 甚至是簡易料理台的使用，並兼顧到非商務旅客的住宿需求。

note

BIM 達人！

擅長 BIM 數位化整合設計

成功大學建築碩士、逢甲大學建築學士、東方工專美術工藝副學士，現為傅域設計主持設計師及台南應用科技大學兼任講師。是業界少見全面以 BIM 設計從建築、室內設計到機電整合。

傅域設計主持人
傅淑貞

Q 1.BIM 的實際應用和傳統畫圖面的不同點在哪裡？

　　傳統畫圖是 2D 與 3D 分開畫圖，很多都只有 2D 也就是平面圖、立面圖、剖面圖等來表示，圖說定案後，再建置 3D 分二次工。而傳統畫圖 3D 只是拿來給業主參考的，因為一般民眾在閱讀圖說上有困難。然而在真實的施工上，2D 圖說常有對不上的問題，如：排風口和建築圖開口對不上、開在不同位置 ... 等導致現場為了解決這些介面衝突問題，而花更多錢或更多工程時間解決，而有些嚴重的衝突問題甚至會影響到結構。

　　BIM 在畫圖時以 3D 呈現，將所有建築資訊包含在內，當業主想在空間內增加一個門，只要一個地方加入；所有圖說：平面圖、立面圖、剖面圖、3D、數量、透視，都會一起改變。能精準呈現設計的各種面向，減少圖說因人為修改的錯誤。BIM 還能在工程前，在設計端就把介面衝突問題解決，比如先留下要穿管的位置，或在設計端就先避開。施工上因為能用 3D、VR（虛擬實境）的方式呈現，

看不懂圖的師傅，也能看著 3D 或 VR 施工非常便利。

安平倆倆實例解析

舉個施工上的例子：我們有個室內設計案子叫安平倆倆，是間親子民宿；因為設計上想要利用水管的彎轉、距離差做為不同的家具（展示架、座椅、小邊桌、樹燈、書櫃、桌子、灑水、傳話筒），最後到戶外變灑水設施，因為傳話筒內跑水又跑電，又是要呈現一條線的延伸。因為很難讀圖，如果用一般的 2D 平面、立面、剖面給師傅，師傅大概會翻臉走人。但是我們用 3D 加 VR 及 360 環景，師傅很快可以在現場看，知道這個管要彎去哪，怎麼走；而且還有每個管子的長度與彎頭數量，師傅很快的可以算出他的材料要花多少工資如何計算？因而可以順利完成。這就是一個如果不是用 BIM，很難順利完成的例子。

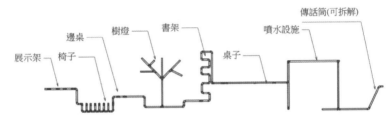

彎彎管家具設計解說圖

Q 2.BIM 和傳統畫圖面的設計流程有什麼不同，能考量更多設計面向嗎？

一般設計的流程是拿出平面圖，比如說有幾個隔間、門窗、位置大小要改，就標註要改的地方，下次來再看圖。用 BIM 則現場就能改正這些部分，立即看透視圖、知道空間大小，業主也能現場就討論決定。此外用 BIM 業主也能用 3D 或 VR 看圖，直接進入設計中，不僅能快速修改，減少溝通時間、減少施工時間，自然能為案子省下更多的成本和時間，因為建築設計不是只有考慮設計而已，還要考慮和業主溝通順暢。

BIM 與傳統圖面比較

	圖面	解決衝突	產出數量	物理環境評估	溝通順暢（業主及營造）	修改圖說速度
傳統圖面	2D 3D 另外畫	不可	不可	不可	可	慢
BIM	3D+ 2D 整合	可	可	可	較快	快

體驗實境 VR

VEBOE 商務中心 VR　　　　安平倆倆親子民宿（給水電師父看的 VR）

Q 3. 若只是一間 10 間房的微型旅宿，也能夠 BIM 一下嗎？

BIM 的費用在於人事成本，所以費用的多寡其實是依個案需求而定。BIM 的工作有點像寫創業計畫書，把所有要花費的東西都畫上了，可能的風險都排除後才去進行，是更全面的計畫。只要有心，微型旅宿能 BIM，舉例來說：如果 BIM 要多 10 萬，但排除風險後卻能讓案子少 30 萬工程款又減短工程時間，當然很值得花。

Q 4. 綠建築或是物聯網的應用在 BIM 上是否有加乘的作用？

當然是 YES，物聯網的應用上，比如在 MEP(設備系統) 上能事先告訴你那盞燈的壽命要到了，該更換。當然也能用在智慧綠建築，用 API(程式控制) 感應控制門窗的開關等。其實 BIM 對「任何建築」來說，是可以知道能源效率的，也因此可以改善能源的布局；但依照目前業界來說，還很少人會重視這一塊。綠建築的應用我們用在物理環境前端設計的光、音、熱、風的模擬，能在前端設計先確定幾點時光會進來，風怎麼走。比如我們的案子橘月民宿的立面：為了確保一定會有的光影效果，做日光模擬 (如下圖)，讓我們能在設計時就確定客人在用早餐時 8:15，光影會開始變化。

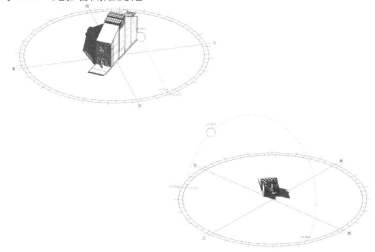

2-2
微型旅宿的軟設計

✓ 服務要有同理心

✓ 人才培育是最大

✓ 培養回頭客

軟設計即泛指服務流程、標準化內部程序、顧客體驗營造甚或是人才培育等等，我們先從顧客體驗這回事說起，還記得當時學生時期的論文就是在研究消費者「體驗」，它可以是「體驗行銷」，也可以是「服務體驗」，光體驗這兩字，感覺讓人有些空洞和籠統，我記得當時教授是這麼解釋的：「你去超商買了一杯 500ml 的咖啡可能是 70 元，但你去星 OO 買了一杯 354ml 的咖啡卻是 105 元，中間的價差就是『體驗』。」

細算一下給看倌們瞧：星 OO 咖啡 1ml 值 0.29 元；超商咖啡 1ml 值 0.14 元，一前一後換算下來，星 OO 的咖啡足足貴了一倍！原來「體驗」這麼值錢呀！

▌除了位置外，旅客重視評論 > 價格

有個有趣的數據分享，在 2002 至 2012 年之間，全球前五百大公司大約有 70% 的公司已經被市場所淘汰，市場愈來愈競爭，旅宿環境也是，顧客的體驗將會慢

慢地取代旅宿本身價值和價格成為品牌區隔的關鍵因素，從下表的黃金交叉看來，顧客考慮旅宿的第二大重點已經是評論，接著才是價格。

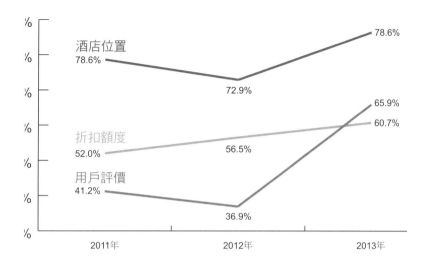

2011-2013 年消費者線上預訂酒店主要考慮三大因素的比例變化
數據來源：中國互聯網路信息中心 CNNIC

▌ 8 大顧客體驗指標數據

現在我們來拿出 Service Design Network（服務設計網）的一些數據來看看 8 大顧客體驗指標數據，從這裡來找出待客的服務之道吧！

1. 如果客人必須要花很多時間和精力在你的平台消費，那他們就先去別家囉！（人總是懶的！）

CEB research shows that 94% of customers who have a low-effort service experience will buy from that same company again.

2. 一半以上的消費者願意以更高的金額去消費，如果你有做到企業社會責任。

（人們會因為你捐了 1% 給公益團體而選擇你！）

More than half （55%） of global respondents in Nielsen's corporate social responsibility survey say they are willing to pay extra for products and services from companies that are committed to positive social and environmental impact—an increase from 50 percent in 2012 and 45 percent in 2011. Regionally，respondents in Asia-Pacific （64%），Latin America （63%） and Middle East/Africa （63%） exceed the global average and have increased 9，13 and 10 percentage points，respectively，since 2011.

3. 62% 的企業組織把客服中心所積累的顧客經驗數據當成差異化的競爭優勢。

62% of organizations view customer experience provided through contact centers as a competitive differentiator.

4. 第 3 點中的企業組織有 **92%** 會提供多種顧客聯繫管道。

92% of organizations that view customer experience as a differentiator offer multiple contact channels.

5. 54% 的客人會將其不好經驗分享給 **5** 人以上；相反地 **33%** 的客人會把好的經驗分享給 **5** 人以上（這就是壞事傳千里啊！）。

54% shared bad experiences with more than five people and 33% shared good experiences with more than five people.

6. 90% 的消費者表示若讀到產品的正面評價會影響購買決策；而 **86%** 的人表示產品負面評價會影響他們的購買決策。

The vast majority of participants who have seen reviews claimed that that information did impact their buying decisions. This was true of both positive reviews （90%） as well as negative reviews （86%）.

7. 吸引新顧客的成本高於維繫老顧客的 6 至 7 倍（回頭客才是重點啊！）。

The cost of earning new client is about 6~7times to return guest.

8. 80% 的企業認為他們提供給顧客極佳的顧客體驗，但事實上卻只有 8% 的客戶同意這數據。

We found that 80% believed they delivered a "superior experience" to their customers. But when we then asked customers about their own perceptions，we heard a very different story. They said that only 8% of companies were really delivering.

從這八點我們可以知道！
- 平台操作越人性簡單越好。
- 評價改變購物決策。
- 掌握回頭客。
- 不要自大。

▌服務基本須知

再來，另一個軟設計的重點即是「服務流程設計」，服務的對象有兩方，一方是外部顧客，另一方是內部顧客，對外部客人一般是服務流程，包含：接受訂房的程序、辦理入住的程序、遺失物處理程序…等等。最基本的包含服務人員儀容、態度、舉止…等「基本須知」，旅宿比拚的不是華麗的外裝而是「用心的服務」，以下就服務人員的儀容、態度、舉止等做簡單的說明：

✓ **微笑**：微笑不只是一種儀表，更是一種職業需要，而且是員工對客服心理的外在體現，同時也是客人對飯店服務形象最直觀的第一印象，笑意寫在臉上，客人掛在心上，是一種服務品質。

✓ **儀容**：整體自然大方得體，符合工作需要及安全規則，精神飽滿，充滿活力，整齊整潔。

✓ **應答**：和客人交談，首先必須按規範站立，不可依靠各種物體，雙目注視對方，集中精神停止其他工作；其次要仔細耐心地傾聽客人的談話內容，必須時做好記錄，以示尊重客人，沒聽清楚時，應說：「對不起，請您再說一遍。」回答力求簡短，語氣溫和，音量適中，回答對方問話，一定要實事求是，知道多少說多少，當不清楚準確的答案或超越自己權限時，應道歉及時向同事打聽清楚或者請示上級及有關部門，再答覆客人。

✓ **迎送**：當賓客到達時，應熱情、主動的迎接，面帶微笑，並致以恰當的問候語，當賓客離開時，則應面帶微笑，目送客人，並致以恰當的道別語。

以上是基本守則，其他詳盡部分則可參考坊間的餐旅教科書。

▌以同理心就能展現完美服務

其實說到了服務，服務這門課真的是學無止境，記得求學時學過的服務行銷、餐旅服務、餐飲服務…，這些學術上的服務技能比不上實際的親身經驗。

記得第一次在飯店門口當泊車小弟時，第一招要學會的就是「開車門」，就在當下才理解到，雖然只是幾個小動作，但這些才是串起整個住宿體驗的開端啊！不懂？這裡來展示一個場景給你看看：

車道來了一台黑色的進口車車號是 1234XX，透過「經驗法則」知道這台是陳教授的車，車導引至旅館門口，司機停妥車輛。我左手握上門把，微微開啟車門，

右手貼上車門上緣（為了防止客人下車時撞到門緣），保持微笑直視客人雙眼並爽朗地喊出「陳教授午安，今天和客人也是約在中餐廳嗎？剛剛我看了餐廳的訂位表，有特別請領班把位置安排在安靜的角落，方便你們談公事喔。」

沒錯，如你所臆測，陳教授高興極了，最重要的是讓他在客人面前顯得特別「有面子」。門僮雖然不是一個擁有強大產能的職位，但他卻擁有著極為重要的前線戰略位置，也是在那時，我才理解好的服務其實不難，就是「同理心」。

美國麗思卡爾頓酒店（Ritz-Carlton Hotel），它們的服務格言是：「我們是一群為女士與紳士提供服務的女士與紳士。（We are Ladies and Gentlemen serving Ladies and Gentlemen.）」這句話出現在數十年前的旅宿產業，但使用在 21 世紀的現代一點都不違和啊。把它翻譯成現在的語言應該會是：「我們用同理心對待客人，彼此互相尊重，但我們不姑息奧客。」

資料來源 https://goo.gl/d8iGno

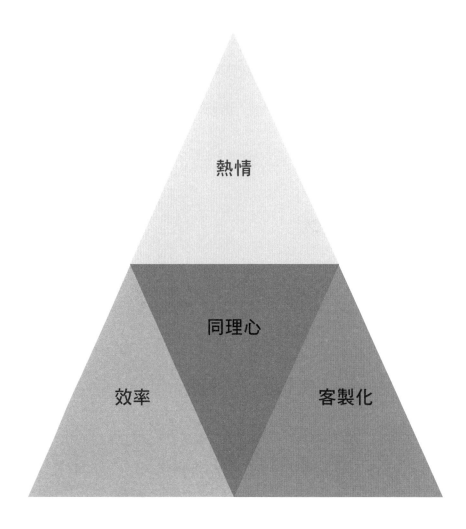

這裡我歸納了幾個服務的重點要素：
- 同理心
- 熱情
- 效率
- 客製化

<u>同理心的基本就是「己所不欲勿施於人」以及「怎麼樣做你會開心」？</u>

　　其實很容易理解的，把客人及自己當作是自己的家人來對待，用最真誠的態度去面對，而不矯情做作，把服務的心回歸到最初。

　　熱情，或是說「保持熱情」，這的確得花費心力去維持，一旦對於服務的熱情消失了，客人其實也能夠馬上感受得到。皮笑肉不笑或是講話有氣無力，回答問題問一答一，這些小細節其實都能馬上感受到服務人員是否具備「熱情」。尤其是針對微型旅宿的我們，很容易不時地與客人接觸、溝通，這時候「客製化」即是微型旅宿的我們一大優勢。

舉例來說：

客人：請問我想買鳳梨酥送朋友，你們有什麼建議？

服務人員：「在台北購買鳳梨酥我們推薦三個品牌，分別是 ABC 品牌，他們分別的位置在 XXX，我們推薦可以買 A 品牌，它也可以在機場購得喔。這樣可以省卻大包小包的困擾，但若您想要先買，我們也有國際配送的推薦服務。掃一下這個 CODE，裡面就有資訊。另外，除了鳳梨酥，我們推薦可以試試這邊的在地名產『肚臍餅』，它外皮油香酥可口，甜而不膩，外型類似葡式蛋塔；內餡是綠豆泥或是番薯泥，很值得一試耶。」

　　<u>你看看，你看看，這樣貼心的服務是不是「又中了」！回答客人的問題是 60 分，正確的回答客人的問題是 80 分，正確回答又能臆測客人需求則是 100 分！</u>

▎線上服務設計密技「4L1H」

　　這裡我想要特別提一個線上的服務設計密技「4L1H」流程，1H 是傳統餐旅服務的精神：用心，而 4L 則分為四個階段為 Welcome letter（歡迎郵件）、Reminder letter（提醒郵件）、Thank you letter（感謝郵件）、Recall letter（回頭

郵件）。

4L： Welcome letter （歡迎郵件）、Reminder letter（提醒郵件）、Thank you letter（感謝郵件）、Recall letter（回頭郵件）。

這個場景利用是發生在客人在線上／線下訂房後的服務模組，假設客人透過官網訂房之後，順利於線上付款並且完成了訂房確認單後，我們該做些什麼？

以下圖的日程來做範例：

1/1 13:00 櫃台小幫手收到了官網確認訂單，要在 1/1 23:59 前寄出 Welcome letter（歡迎郵件）；

1/10 也就是旅客入住日的前三天，寄出 Reminder Letter（提醒郵件）；

1/14 退房日必須要在當天前也就是 1/14 23:59 前寄出 Thank you Letter（感謝郵件）；

至少在退房（1/14）一季內或特殊活動期間／旅客生日等等時機寄出 Recall Letter（回頭郵件）。

操作 SOP

✓ Welcome letter （歡迎郵件）：

在收到客人透過平台來的訂房確認單後，由當天晚班／夜班交接之際統一發出歡迎郵件（有些 OTA 無法提供客人郵址則可請 OTA 客服代轉），信件內容主要是確認訂房內容（再次確認），包含：訂房日期、房型、數量、姓名、聯絡方式以及付款方式，付款方式這邊因為不同的 OTA 期付款方式會不同，若是預付的，不用特別提到金額，現付的或只付訂金的則要明列細項，並重申取消規則。

除此之外要提到其他服務，包含：接送機服務、行程規畫服務、門票代售服務…等等，在預期客人會有所需求的品項，在這封 EMAIL 內完整表達，當然也可以超連結方式導流到官網，讓資訊不會太多太雜。（如下頁圖一）

Welcome Letter 的主要功能在於重複確認、表達歡迎之意、提供額外服務及告知彼此權益。

✓Reminder letter （提醒郵件）：

在客人入住的三天發出，Reminder letter 主要是提醒旅客三天後要入住！尤其針對 Lead Time（訂房到入住日的天數）長的客人，這個可以說是救命萬靈丹，一樣不厭其煩的再確認一次入住資訊，也可以提及「提醒您我們的入房時間為下午三點，如您提早抵達飯店，行李都可幫您寄放於櫃台，期待您的到來。」，並且也再次確認有無需要「附加服務」，若在上一封歡迎信後有加訂接機或接送服務，我們在這裡也須再次確認並詳述費用，若無，可再一次報價。另外可以向客人詢問 ETA（預計抵達時間），把 ETA 輸入 PMS（控房系統）後能夠方便房務員工調度打掃房間，另外提醒郵件也可以再次提及旅宿交通位置、附近吃喝玩樂地圖、一週天氣預報、最近城市活動等等，同樣地，若官網有這些訊息也可以「無痛導流」過去。

Mr. Mike Chen 您好,

謝謝您在官網上預訂以下為您的預訂資訊，在此向您重複確認：

預約的旅客姓名 Guest Name	陳麥可先生 Mike Chen/R	人數 No. of Guest	1
入住者 Info of Lodger	陳麥可先生 +886989068088 mike@hmail.com	訂房操作員 Rsv. Staff	A-Bao
入住日期 Arrival	2017/01/13 15:00	付款方式 Payment Method	網路預付全額
退房日期 Departure	2017/01/14 12:00	訂金繳止日 Deadline of Depo.	NIL.
入住天數 Stay Days	1	已付訂金 Deposit	NIL.
訂房時間 Booking Date	2017/01/01 13:00	總金額 Total payment	NIL.

另外，白石小青旅也有提供非常便利的接送機付費服務，您不必隨著機場巴士一站站的停站等待，接送機服務的價格均為一部專車接送，可搭載4名旅客(非每人計費)，接機1~2位只要NTD1100，3位為NTD1150，4位為NTD1250(若5位以上我們也有提供5~7人的專車接送，價格為NTD1550~1750)，均直達白石小青旅喔!

若您有需要接送機服務請回信告知，我們會立即傳送"接送機預約的單"給您，請您填妥後回傳即可完成預約，提醒您接機服務須於三天前預約的，以免無法為您安排專車，謝謝您。

至於取消與更改訂房之相關規定如下：

住宿日14天前得取消訂金，退還全數訂金；

住宿日10-13天前取消訂房，退還70%訂金；

住宿日7-9天前取消訂房，退還50%訂金；

住宿日4-6天前取消訂房，退還40%訂金；

住宿日2-3天前取消訂房，退還30%訂金；

入住日前一天取消訂房，退還20%訂金；如於入住日當天通知取消預訂或您於通知者，保證金將沒收不予退還。

QR CODE可以獲取您的訂單檔案喔!

有任何問題請不吝與阿包聯繫!謝謝

您的專屬小幫手

白阿包 (A Bao)

台北市民權東路五段315號

No.315, Sec. 5, Minquan E. Rd., Zhongshan Dist., Taipei City 104, Taiwan (R.O.C.)

Tel: +886-2-77027722

Line/Wechat/Mobile:+886-952-055-555

FAX:+886-2-7777-7099#5055

圖一
以上為模擬郵件

✓Thank you letter（感謝郵件）：

感謝郵件通常也會出現在高端飯店的退房 SOP， Thank you letter 則往往會是搶救評論的最後一個大絕，最最最重要的是——這也是告知官網訂房優於其他平台訂房的最好時機！把 OTA 客人轉換為官網客人的關鍵時刻。

但切記不要太PUSH消費者，要讓他們自然而然地感受官網好處！

郵件範例如下：

文末仍要提到要到 UGC（見 P.146）留言按讚呀！另外若客人在入住期間有抱怨或是遺失物發生，在發這封信時也得詳加說明。這部分必須配合 PMS 來做記錄，包含遺失物、抱怨和下次升等之記錄。

✓**Recall letter**（回頭郵件）：

　　這裡提到的 Recall letter 絕對不是要你把錯的信叫回來呀！Recall letter 是指「讓客人再度想起旅宿」，白話一點叫：「王董 ～ 你好久沒來了捏 ～」基本上在三個月內、淡季、特殊活動（路跑、演場會、展覽…）或是客人的生日等等，最主要能配合旅宿的活動來做推送，小編提供一個範例給看倌們參考！ 這是拉斯維加斯著名的 WYNN：

　　EMAIL 首圖，標題是：Bob 你這陣子跑去哪兒了？（哈哈）點入後出現：客製的尊貴優惠，而頻率差不多是一個月一次。

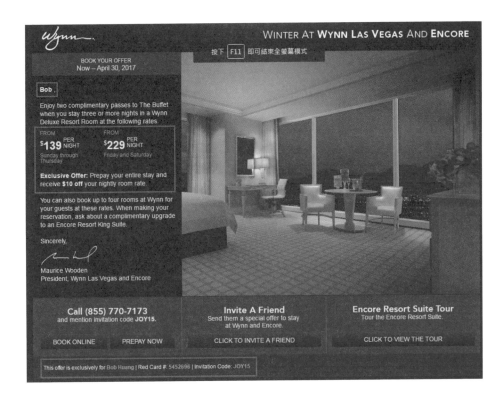

最後 Recall letter 的重要元素必須是健全的 CRM（客戶關係管理系統），有完善的顧客關係資料庫，才能撈到顧客資料來做發揮！

最後要提 1H：用心，這重點一樣得放在 MOT（註），而我將其放在以下 4 大重點：

✓ 電子郵件／社群媒體的禮貌回應

　　在尚未入住時透過這些線上工具來回應客人問題，因為沒有表情轉達，我們更要謹慎回覆，答覆問題時不應該問一題答一題，而是舉一反三的延伸性回覆。

適當的 FB 回覆方式

小王，客人：Hi！BOB HOSTEL 嗎？我問一下，我明天到台灣之後要怎麼到你們旅館？

阿包，館長：Hi！小王好！您抵達的機場是台北松山機場呢？還是桃園國際機場？

若是台北松山機場，您可以直接搭乘捷運到達西門站的六號出口直走 20 公尺就會看到我們招牌囉！但若是您是抵達桃園國際機場⋯（中間省略）⋯. 另外提醒您！明天可能的下雨機率是 40%，要小心喔！我是館長阿包，有任何問題都不要客氣喔！隨時 TEXT 我！

舉一反三
給予回覆

17 Monday	18 Today	19 Wednesday	20 Thursday	21 Friday
VARIABLE CLOUDINESS	VARIABLE CLOUDINESS	ISOLATED SHOWERS	MAINLY CLOUDY	MAINLY CLOUDY
30° / 25°	30° / 25°	30° / 26°	30° / 26°	31° / 26°
P.O.P. 30%	P.O.P. 20%	P.O.P. 40%	P.O.P. 30%	P.O.P. 30%

不恰當的 FB 回覆方式

小王，客人：Hi！BOB HOSTEL 嗎？我問一下，我明天到台灣之後要怎麼到你們旅館？

阿包，館長：Hi！小王好！您抵達的機場是台北松山機場呢？還是桃園國際機場？

小王，客人：Hi！阿包，我想是桃園喔！

阿包，館長：是 T1 還是 T2？

小王，客人：T2。

阿包，館長：這是我們官網的交通指引喔！

請參考 http://www.bobhostl.com.tw/traffic

小王，客人：喔…

阿包，館長：謝謝，若有任何問題請不吝詢問。

問一句
答一句
浪費彼此時間

顧客需再次開頁面
沒有直接解決問題

✓ 電話上的口氣回應

　　這其實在每家旅館的總機教戰手冊都能清楚學習，基本上有個小祕訣：放個小鏡子在電話旁，電話響起，問候清楚唸完後，以微笑模式來完成對話，話筒裡的那頭就能感受到你滿滿的誠意喔！

✓ 辦理入住手續時的眼神接觸

　　入住時的第一次接觸！就靠你了！那是因為注視就像觸碰一般，會立刻產生連結。若是正面的接觸，對於旅客端的第一個回饋也肯定是正面的。

✓ 退房時的最後一擊

　　房客在退房時必須請房務幫房客做最後一次檢查，是否有遺失物，最好也能在退房時給予溫馨的祝福！關心此次的旅程狀況，並可以關心待會兒的行程是否安排車趟或寄放行李等等。

> **最重要的是要再次灌輸這兩件事：**
>
> - 提醒填寫 OTA 和 TRIPADVISOR 上頭的評論。
> - 提醒官網訂房會比它此次的 OTA 訂房還划算。

註：MOT：關鍵時刻（Moment of Truth）是一個關鍵指標，是對客戶導向的具體衡量，因為對客戶而言，他只會記住那些關鍵時刻。

微型旅宿的組織扁平化

最後一點軟設計在於「人才培育」，或是說如何提升旅宿人力資源的「效能」。這也是很多微型旅宿的痛點：找人不易、養人不易、留人更不易。

在人才培育這塊尤其針對微型旅宿必須強調要擁有 Multipleskill（多工），也就是說員工必須能互相頂替彼此，會訂房也會打掃房間或是能當櫃台也能當會計。而且微型旅宿更必須要把組織扁平化（註），也就是管理結構要簡化，重新組織整合。

而旅宿一開始架構體系、建規立章一直到薪資結構、績效考核體系、到培訓體系、管理權限和企業文化，雖然是組織扁平化，但該有的不能少，否則只會是散沙一盤。

註：組織扁平化有幾個好處：信息傳達快，文化傳遞快，指令傳遞快，執行力提高，效率提高。簡化管理層級，擴大授權前線員工，這也能讓服務速度加速。

▎有條有理開間微旅宿

期望能穩定且永續經營旅宿，其中有 5 件事務必落實。

✓ 定期調整薪資

人員薪水調整，設立半年薪資和年度調薪管理制度，每半年都要對員工進行一次調薪，也就是說至少一年兩次進行薪資漲幅。

✓ 建立健全各部門績效考核

設定 KPI，例如每個月櫃台人員要 upselling（向上銷售）10 次，讓員工有一個努力方向；但若是有客訴或是沒按照 SOP 會影響考核與績效等規定之標準。

✓ 完善培訓體系

例如可以有內部員工的體驗旅遊，瞭解公司起源、文化、上司介紹，對於在任的員工也能有固定的課程，例如：調酒課程、OTA 操作課程、客訴處理技巧…等等。

✓ 完善管理權限體系

權限不重疊之外，對於員工必須絕對信任，但仍必須抽查監控員工在執行過程中是否需要修正。

✓ 建立企業文化概念

這能夠讓員工更有準則、歸屬與榮譽感，並可以定期舉辦 TeamBuilding（團聚）培養默契。

微型旅宿的服務設計

　　就如同前文所提到旅宿的價格取決於客戶的體驗價值，而這樣的價值是由軟硬設計所堆砌的，硬體設計影響我們的感官感受，但服務更是影響顧客對我們的評價，好的服務能為一間旅宿在無形中加分，在本次的專欄我們就要有請兩位達人告訴我們服務設計的重要性。

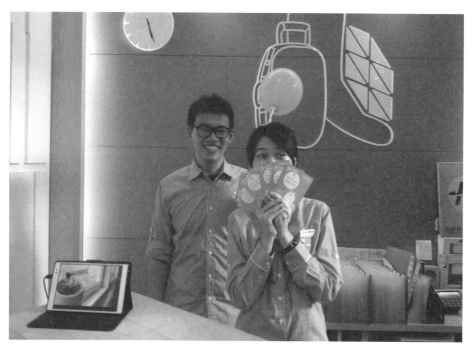

旅宿的硬體設計好比桌椅床舖這樣讓人棲身之處，可能大同小異，服務則是以此基礎上的加分機制。

Q&A

營運達人！

熟稔旅宿籌備程序、服務設計

學歷：臺灣大學工業工程研究所

經歷：台北旅店集團創始暨合夥人

現職：台灣青旅股份有限公司　　創始人暨執行長

　　　　台灣國際青年之家協會　　常務理事

　　　　臺北市旅館商業同業公會　理事

台灣青旅創辦人
魏秋富

Q 1.「服務設計」的堅持

　　科技以人性為出發，但服務更是以「人性」為核心，近年來大財團與建設公司都相繼投入旅館建制，前仆後繼的加入這個紅海市場。經過設計師考察參訪，多數都是複製相關硬體的設計，但旅宿是重要的服務產業，以「人」為核心，因此員工的教育訓練與發展規畫才是未來旅宿業勝出的重點。很多業主在硬體上花了很多錢，卻在軟體投資不足：在規畫人力資源的時候，減少服務業人力薪酬水平，影響優秀人才投入的意願；並未將人員的相關教育訓練與成長列入規畫。加上培育人才是企業社會責任之一，這也是我堅持的其中一個理由。我會透過薪酬獎勵制度，讓所有工作夥伴因努力而得的績效獎金與公司成長的目標趨於一致，並在人才培育與訓練發展方面，投入更多的資源。

Q 2. 如何能簡化服務流程卻不失品質？

服務的流程要善於利用科技網路的整合，全臺灣有 1 萬多家的民宿及旅館業者，但有很高的數量比例，對科技網路技術應用的整合，仍然非常落後，無法在官網將線上的訂房系統與金流的整合，造成顧客訂房及行銷後訂房的橋接轉化流失。最後只好更依賴線上 OTA 的訂房，無法有效地將 OTA 的行銷曝光內化成自己的忠誠顧客，長期高比例的佣金支出導致非常大的營運成本產生，這告訴我們網頁介面的規畫設計重要性並不亞於房間的規畫設計，因為未來高達 90% 的旅客是透過網路的搜尋，找到旅館並透過便捷的訂房流程完成交易，對於陌生人第一次接觸，網頁的規畫設計與訂房金流整合更顯重要。

Q 3. 服務設計和硬體規畫誰較重要？

旅宿業的經營管理，軟體與硬體規畫是同等重要的。硬體規畫以乾淨、整潔、安靜、舒適為原則；而人性的尊重與服務需要被滿足，則需要服務設計與軟體的配合，而人員教育訓練及薪酬獎勵制度的規畫及科技網絡的應用，是可以與硬體設備裝設時同步進行，不需要等完善才開始。

Q 4. 對於旅宿業的期望和看法？

2015 年台灣邁入千萬觀光客大國，觀光人口成長趨勢吸引各行業者相繼投入旅宿業，近千億的資金湧入旅宿產業。由於行動網路應用普及，進而影響消費者的訂房行為與旅遊習慣。而旅宿業 O2O（Online to Offline）的消費者行為改變趨勢，也影響旅宿業的行銷變化。國際網路訂房中心（Online Travel Agent，OTA）逐漸取代傳統旅行社的訂房，高額的佣金支出削減了旅宿業的淨利率。除此之外，新的行動網路商業模式由「旅宿 O2O 分享經濟」概念下發展出新的銷售通路，媒介一般住家的閒置客房透過網路平台銷售。觀光客除了可選擇旅館、民宿外，還多了一般住家停留過夜的選擇，「旅宿 O2O 分享經濟」將分散來台旅客

住宿的客源，影響合法旅宿業的住房率，而觀光客透過網路點評機制、社群網路及部落客的即時分享等網路行銷管道，間接影響旅客對於旅宿業品牌的選擇。

隨著旅宿業數量的快速成長，中高階旅宿業專業管理人才的需求增加，如何妥善的安排教育訓練與人力資源規畫，皆為旅宿業長遠發展的根基與挑戰。

Q 5. 台灣旅宿業面對未來發展的趨勢挑戰為何？

從「102 年來台旅客動向調查」數據顯示，雖國際觀光客數大幅成長，但拜訪旅遊景點相對次數，除台北市高達 83.76% 外，其他多數縣市如高雄地區 34.17%、台中地區 10.06%，而台南地區僅 6.23% 可知，旅宿業仰賴國民旅遊市場的成長，而國際旅客數的增加對於部分縣市的住宿需求量有限，以致於部分縣市旅宿業數量的大幅成長而造成供需失衡；其次為依 2014 年觀光統計資料分析，95 年至 103 年商務 （業務來訪）目的來台人數從近 95 萬人次降至約 77 萬人次。業務來台客層與旅遊客層相較下減少 18.9%，進而影響商務定位的旅館住房率，顯示台灣旅宿業面臨定位轉型，其為一大隱憂。相對之下，來台以觀光為目的的客層則大幅成長，人數從 151 萬人次成長到 719 萬人次；台灣旅宿業必須鑑往知來，融合東西方文化與技術，整合資源以面對未來的競爭。

未來使用網路線上訂房旅客趨向年輕化、移動化，透過手機、平板搜尋訂房的比例將逐漸地提高，2006 年後社群網路的發展迅速，網路住宿評價網站及顧客入住體驗的分享成為旅遊者選擇旅宿的重要參考依據，移動端的軟硬體應用及各式的數位行銷技術發展影響旅宿業品牌的行銷與發展，旅宿業將面臨更多的挑戰。對於面對國際品牌與超過 9000 家本土的旅宿業進入台灣市場競爭，當前仍後繼的競爭者以更新穎的裝潢設計、更低廉的房價優惠吸引旅客時，台灣旅宿業應如何面對房間供應數量的迅速成長及同業競爭？以及如何招募培訓優秀員工、利用資訊科技的發展積極面對挑戰，才能不被這波旅館興建熱潮與競爭所淹沒，值得深思。

青旅達人！

北門窩 執行長
Janet Chen

成功的區隔行銷技巧，不盲從走出自己的路

陳芃彣（Janet Chen），畢業於國立政治大學阿拉伯語文學系，喜歡學習不同的語言，相信語言是最能了解真實人們情感與文化的橋樑。一年多前踏入觀光旅館產業，希望能讓更多人認識台灣的美並愛上台灣！

經歷： 台北北門窩泊旅　　　營運總監

普羅室內設計　　　特別助理

泡泡窩休閒文創　　董事

台北西門窩青年旅館　業務經理

花蓮洄瀾窩青年旅舍　業務經理

Q 1. 如何跳脫行銷窠臼？

　　在業務和行銷上，北門窩籌組了一個內部核心團隊，它除了具備業務與行銷的能力外，更具備直接的執行能力；也就是說，它本身就必須負責現場營運管理、活動規畫、專案執行、成果驗收與旅客回饋等，因而在策略制定與決策執行上能更有效率，不須經過公司內部向上呈報的重重關卡，讓我們更能因應市場變化而做出及時反應。

　　在這個影音與網路蓬勃發展的新媒體時代，行銷也需要與時俱進。在北門窩開幕前夕，我們與知名 Youtube 影音工作者——不要鬧工作室（Stop Kiddin's Studio）的合作，拍攝了一支北門窩專屬的介紹短片。一鏡到底的拍攝方式，讓還沒有住過北門窩的觀眾能夠身歷其境，和我們一起探索老房子的歷史、新房子的故事，進而吸引觀眾訂房，親身體驗在影片中出現的每個場景！

不僅如此，北門窩也與酷瞧新媒體旗下的天團星計畫 PLAN.S 合作，我們提供天團星計畫的團員們舒適自在的住宿空間，而團員們也會透過網路影音直播的方式和關注他們的粉絲分享在北門窩的住宿生活。透過直播分享的方式，也能達到更直接的宣傳與曝光效果。

在官網的規畫上，我們也跳脫以往用文字介紹旅館的方式，改由使用影像來說故事，讓官網也能呈現出我們的熱情與溫度。

Q 2. 新旅宿在網路行銷規畫的時程建議

新旅宿一推出到市場上若要馬上為人所知，剛開始真的會比較辛苦一些，因此最重要的莫過於要找出自己的特色，再以該特色延伸做宣傳。

舉個例子來說，北門窩第一個主打的特色是 "POSHTEL（潮旅店）"，作為台灣第一間以 POSHTEL 命名的旅館，我們在旅館建置尾聲時，即在 Facebook 成立了粉絲專頁，並在粉絲專頁上釋出建置現場照片、POSHTEL 相關介紹等資料賣賣關子；在建置完成後便於網路釋出我們與不要鬧合作的宣傳影片。

此外，我們也針對旅遊市場的淡旺季提前規畫一年四個季度的行銷策略，包含旅館開幕前的宣傳活動、邀請旅遊同業夥伴試住體驗、規畫開幕酒會邀請媒體與藝人朋友共襄盛舉，以及現場因應不同節慶來規畫的體驗活動與客人互動等。因此，在北門窩正式營運後的短短兩個月內，我們快速建立官方網站與粉絲專頁並迅速累積好評；透過雜誌週刊、名人與部落客的報導與分享，也讓客人能搜尋到更多有關北門窩的資訊，對北門窩也有更進一步的認識。

此外，提前一季規畫次季的營運目標，接著再依據營運目標來討論行銷的策略，不僅能加強加深行銷的力道，也能確保投入的時間與金錢能花在刀口上，幫助業務提升以達成營運目標。

Q 3. 主力使用ＯＴＡ（線上訂房系統），如何平衡 OTA 和 官網訂房？

「均價」一直都是我們在業務策略制定上最重要的考量，這也是平衡 OTA 與官網訂房最需要注意的部分。因此，我們極力確保透過官網、粉絲專頁、電話預訂甚至是現場 Walk In 的客人不會訂到比 OTA 更貴的房價。當同一間旅宿在不同的平台有不同價格出現的話，其實不僅會傷害到旅館的價格，造成客人的困惑，也會讓沒有訂到最優惠價格的客人有產生負評的機會，所以維持均價是非常重要的事。此外，我們也會於官網和粉絲專頁上不定期舉辦優惠活動，吸引客人直接向我們訂房，讓客人享受到最優惠的價格。

在新旅宿剛開始上線銷售時，大部分的客人還是以 OTA 訂房居多，為了吸引客人下次可以直接透過官網和我們預訂，在客人退房的當晚我們也會寄發感謝信給每一位入住的客人，除了提醒客人下次透過官網訂房能享優惠之外，同時也能請客人協助為本次的住宿體驗在評價網站上留下評價，分享他的住宿經驗給即將入住或考慮訂房的客人，因為客人的評價與背書才是我們最強而有力的行銷。

Q 4.「貼心」與「溫度」是旅宿主打的核心價值，落實的關鍵因素為何？

我們一直都相信，當自己的熱忱與熱情散發出來，身邊的人也會跟著熱了！所以對於旅宿的經營，除了要理性管理之外，更重要的是與現場夥伴們的感性相處。

「貼心」與「溫度」一直以來都是「窩」系列旅宿最重視的核心精神，但要如何讓旅客感受到我們服務的貼心與溫度，這其實都必須仰賴前線的現場夥伴。要讓客人入住我們旅館時感受到家的溫暖，我們的夥伴本身也必須把旅館當成自己的家，而不僅只是「一個工作的地方」。

對於每個部門的每一位同仁，我們皆以夥伴、家人彼此相稱，而不是有距離感的主管和員工；我們期許我們打造的是一個舞台，一個交流分享的平台，讓夥伴們能夠一同參與討論與決策，讓每一位夥伴能在這個平台上吸收知識與經驗的養分，與旅館一起成長。當夥伴們能把旅館也當成自己的家，把每一位入住的旅客當成我們的家人，自然而然地旅客們就能感受到我們最真實的溫度，並喜歡上我們的貼心服務，而這也是現場夥伴們最大的成就感來源！

2-3

微型旅宿的數據設計

✓ 多方利用渠道

✓ 顧客關係資料庫使用

✓ 控房軟體絕對要有

「剛柔」並濟之後要進行「計」的階段囉！雖然是最後，但並不代表它不重要，「數據設計」包含了線上訂房操作、顧客關係統計、控房軟體應用、渠道控管、收益管理工具、數據應用…等等。這些 DATA（數據）相關的設計，只要方向導引正確，絕對能達到相得益彰的效果。在這裡我們要學會的是控房系統（PMS:Property Management System）。

▌控房系統讓你一人當十人用

專為餐旅業設計的控房系統（PMS），最初在 1970 年代初期被開發，這些早期的作業系統價格相當昂貴，只能引起大規模飯店的興趣，到了 1980 年代，電腦設備變得較為便宜、且輕便易於操作，使用者導向的軟體系統更包含了飯店的多種功能，而且毋須經過複雜的技術訓練，加上多用途的個人電腦發展又帶動了適合小型飯店的電腦系統產生，於是到了八○年代後期，PMS 廣泛的被各種規模的飯店所接受。

▍控房系統這麼用！

PMS 的重要性非同小可，也是旅宿業者最需學習的數據軟體。它除了改變業務流程和管理模式外，還能增加收入、降低成本並提高顧客滿意度與輔助決策支援。其主要的工作分為三大要點：

1. 抵店前的工作：事先預留客房，確認客戶資料

PMS 的訂房系統可以直接與訂房中心或是與全球訂房網路連結，可以做到按事先預定好的報價來預留客房。訂房系統還可以自動產生訂房確認和要求支付訂金的信件，及做好入住前的準備工作，對使用信用卡或智慧卡消費的顧客，在訂房時如事先告知卡號還能確定信用額度。電腦系統也能為確定訂房的顧客做好電子帳單和抵店前的一系列準備工作。此外，還能制定出一份預期抵店的顧客名單、住房率和客房收入預測表以及各種相關的資料報告。

2. 抵店時的工作：收集住客資料

電腦訂房系統的記錄資料自動轉送到飯店的 PMS 中的客務系統中，而散客的入住資料則由櫃台人員直接輸入到客務系統中；櫃台人員會拿出一張電腦列印的登記表交給顧客簽名確認；線上信用卡授權使得櫃台人員能夠即時取得使用的許可；將入住登記的資料則儲存在電子系統內，需要時可隨時調用，這樣一來就不再需要使用客房狀態顯示架了，電子顧客帳單也會由系統的應用軟體來進行維護和存取。此外，有些飯店向顧客提供了自助入住 / 離店的端機，這些也都能運用 PMS 系統執行。

3. 住店期間的工作：直接連結 OTA，提升競爭力

有了前台系統，電腦系統代替了人工操作的客房狀態顯示架或是電子機械收款結帳機。而 PMS 在早期是一個較為傳統的領域，但從 2013 年開始，慢慢地崛起

新型態 PMS，並且直連 OTA，令 PMS 的戰略價值日益提升。

國內外有非常多的 PMS 系統可選擇，國外品牌包含：隸屬於 ORACLE MICROS 的 OPERA、FIDELIO 及 SUITE8…等；台灣品牌有含：德安、金旭、靈知…等；適合微旅宿的品牌則包含：Traiwan、Kitravel、Bookbookapp、Shalom、iRoom。

這樣說明是不是還聽得一頭霧水，現在就讓我來介紹大家一個「免費」的民宿管理與營銷平台——雲掌櫃。

▍PMS 運用：雲掌櫃

雲掌櫃源自大陸，是針對旅宿研發的一個雲端 PMS，目前有兩萬多個使用者，在免費 PMS 的市場內，算是成熟的產品。它既是一款資訊管理工具，也是一個網路行銷平臺，面向微旅宿的移動管理而設計，無論身在何處，都可以用它打理你的旅宿生意。雲掌櫃有著下列幾種核心功能，就讓我們來了解怎麼運用這樣的新時代工具吧！

✓ 房態管理／客人管理

首先講到房態與客人管理，不論是 walk-in 客人或是來自 OTA 的客人，都可以直接在後台做設定，直接建立訂房。可以替代傳統紙本和試算表實現房態管理功能，並可多使用者、多終端同步、多分店控房，針對多位管理員，也可以設立子帳號，限制權限。

功能一：建立好訂單後可以透過系統發 SMS 給客人，建立 CRM 與創造入住前正向的體驗，也可建立自己的簡訊模板，即時傳送。（如圖一、圖二）

功能二：系統會為您記錄住店客人的基本資訊（手機、所在地、累計消費金額及最後一次退房日期），同時提供來電顯示服務，方便做好客戶關懷，並且依

據入住的間夜數來分級會員（雷同香格里拉的金環會員制度）。（如圖三）

圖一

圖二

客人詳情　　　　　　　　　　　　　　　　✕

　　　姓名： BOB　　　　　　　性別： 男

　　　手機： 0952000000

　　　郵箱： info@wr.com

　　所在地： Taipei

　證件號碼： 身份證　　　D11111111

　　　生日： 1996-05-09

最近入住日期： 2015-04-29

　　　備註： #陽光 #幽默 #喜歡203房

　　　　　編輯　　　　刪除

圖三

✓ 分銷管理（Channel manager）

Channel manager 的概念下一章節會再詳述，基本上這個功能是透過 API 來串接各家 OTA，統一控房。並且能跑出分銷報表，可以清楚了解各家 OTA 的訂單狀況，為旅宿業者提供的智慧自動化管道管理服務，使旅宿業者輕鬆控制並管理眾多分銷管道，大幅度降低管道管理成本和工作量，並進而為旅宿業者提供了即時收益管理所需的動態資料，以此來指導優化價格策略。

✓ 統計分析

這相信是每位業者最開心的一點！尤其針對股東合夥的狀態，使用 PMS 可以讓金流透明化。

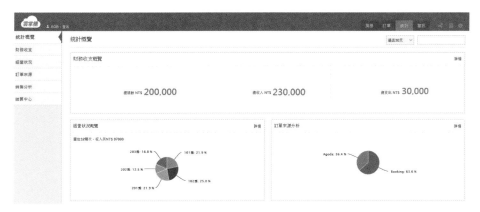

✓ 直銷管理

在這個 PMS 裡稱之為「微客棧」，幫你建置自己的微信官網，永久免費且不被抽佣金阿！現在加入時下很多 OTA 的還是必須被抽佣金的，另外直銷功能讓旅宿老闆輕鬆的利用社群媒體（FB、LINE、Wechat）進行熟客及回頭客的客房銷售。有些腦筋動得快的民宿，直接列印出微客棧的 QR CODE，就放在門口，讓客人即時預定，線上即時付款。

雲端化的 PMS 非常適合人力不足的微旅宿，假設你正在 COSTCO 血拼，這時突然接到電話訂房，沒筆沒紙的狀態，只要透過雲端的 PMS 直接用手機上的 APP 就可以幫客人訂好房間，可以查庫存量且報價，不用再手忙腳亂！

運用雲端化的 PMS，讓管理更加便利。

note

SEO 應用術

前面我們說了旅宿內部的數據設計,這次則來說說外部的吧。搜尋引擎最佳化(英語:search engine optimization,縮寫為 SEO)在 WIKI 的解釋是這樣的:是一種透過了解搜尋引擎的運作規則來調整網站,以及提高目的網站在有關搜尋引擎內排名的方式。 白話翻譯後是說,在各大搜尋引擎海中,如何脫穎而出。舉例我在 Google 搜尋墾丁住宿,它蒐羅出了 578,000 筆資訊,假若你沒有特意去經營 SEO 而是純粹累積自然流,要晉升到顯而易見的頁面估計遙遙無期,因為越來越多的個體商戶(不論新舊)已經在進行 SEO 優化,即便只是免費的 SEO 應用程式,都能比自然流的速度更有效率。想要提高曝光量除了在 OTA 上是必須,而官網能在 Google 上搶得先機就更完美了!

▌在 OTA 排名拔得頭籌,但在 Google 上呢?

Google 的演算法時時在變,就如同 TRIPADVISOR 的排名邏輯在這一年也做了一些新的更新,Google 更是頻繁,因為資訊太過巨大,相對地垃圾資訊也是呈正比發展,如何去蕪存菁,它們透過演算法來做,而這個去蕪存菁的過濾器邏輯正是我們在做 SEO 時必須知道的。演算法會考慮一些要素,例如:內容的年齡、負面站內因素、使用於內容的相關術語、內容的獨特性…等等,這次我們邀請來 SEO 達人來跟我們分享一下,若以旅宿為出發點,我們該怎麼 SEO?

數據顧問！

SEO 專家

《SEO 超入門》書籍作者，中國文化大學數位媒體學程兼任助理教授，曾任台灣行旅遊網顧問，現為御花園連鎖精品汽車旅館集團、布拉格春天精品汽車旅館、奮起湖老街大飯店顧問，以及苗栗、台中、台南、花蓮等多家知名民宿青旅顧問，擁有 15 年旅館網站 SEO 經驗。

台灣搜尋引擎優化與行銷研究院資深顧問
盧盟晃 博士

Q 1. 一般來說關鍵字廣告是短效型快速行銷；SEO 則是長效型行銷，若是針對資源有限的微型旅宿業主，該從哪個方向去設計線上行銷？

　　SEO 和關鍵字廣告擁有不同的行銷特性，關鍵字廣告是短效型行銷；SEO 則是長效型行銷，對於資源有限的微型旅宿業主而言，我有以下幾點建議：

　　1. 由於微型旅宿業主的行銷預算有限，建議將關鍵字廣告優先配置於精準關鍵字，例如：台南安平民宿、嘉義奮起湖飯店，越是精準的關鍵字因廣告投放的範圍縮小，點擊數會較少，業主支付的廣告費用會較低，但因是精準關鍵字，所以點閱率會提升（點閱率的計算方式是點擊次數除以廣告顯示次數），點閱而來的使用者即是我們鎖定的精準客群，其訂房的機會也會提高，用白話一點說，就是「把錢花在刀口上」；如仍有預算，再考慮擴大範圍，購買較為廣泛關鍵字，例如：台南民宿、嘉義飯店等；另外，因為關鍵字廣告有可快速上稿的特性，因此

也適合用於短期或節慶的活動曝光。

2.SEO（Search Engine Optimization，搜尋引擎優化）是指透過瞭解搜尋引擎運作規則來調整網站，以提高網站在搜尋排名的一種方式，建議業主可鎖定數組長期固定的核心關鍵字，以及由核心關鍵字衍生的延伸關鍵字來優化網站在搜尋引擎的排名，對於行銷預算有限的業主來說，建議業主隨時監控這些關鍵字的排名，當某個關鍵字已經透過 SEO 獲得不錯排名，使用者也已透過搜尋導流到業主網站時，即可把該關鍵字的廣告下架，以節省有限的行銷預算，簡單說，在預算有限的情況下，同一關鍵字的 SEO 排名或關鍵字廣告，只要擇一即可，SEO 需要長期經營，但不需支付每次點閱費用，關鍵字廣告則反之。

Q 2. 有什麼關鍵技巧可以提供給即將要開業的旅宿業者？讓他們可以在前期布局線上行銷時給予助益？

對於即將要開業的旅宿業主，有以下幾項可以在前期布局線上行銷的方式：

1. 關鍵字分析：

業主在建置網站之前即須進行關鍵字分析，前期因網站尚未開站，無法透過 Google Analytics 及 Google Search Console 取得網站關鍵字數據，建議透過業主自身經驗及訪談，擬定數組關鍵字，並輔以使用 Google Keyword Planner（關鍵字策劃工具）來找出真正適合自己旅宿的核心及延伸關鍵字，並將這些關鍵字透過內容策劃，廣泛布局於網站各頁的內容當中，等到網站正式開站，透過 Google Analytics 及 Google Search Console 取得網站關鍵字數據之後，業主即可重新檢視前期擬定的關鍵字，並適度修正調整關鍵字布局，確保這些關鍵字是「使用者真正會搜尋的關鍵字」，而非只是「業主自己想出來的關鍵字」。

2. 旅宿網站可於旅宿開業之前開站：

由於搜尋引擎對於網站的處理程序包含抓取（Crawl）、索引（Index）、分析

（Analyze）、排名（Rank）、解析（Parse）、展示（Present）、清除垃圾網站（Filter）等七個步驟，通常需要一個月至數個月不等的時間，因此建議網站可於前期先行開站，前提是網站必須已有完整內容，例如：已完成客房裝潢及拍照，等到旅宿正式開業時，即可「享受」到 SEO 的甜美成果。

3. 前期建置網站時，建議可做到以下七個事項：

a. 網站的行動版介面：可透過建置 RWD （Responsive Web Design） 響應式網站或另外建置 Mobile Web 行動版網站來達成。

b. 關鍵字布局：將關鍵字以自然語句適度安排於在網頁的標題（title）、描述（meta description）、頁面內文（content）、圖片之文字說明（alt）等處，但請留意不要進行過度的關鍵字充塞。

c. 安裝流量分析工具：例如 Google Analytics、StatCounter、百度統計（Baidu Tongji）等，隨時監控網站流量的細節。

d. 安裝搜尋引擎的網站端工具：例如：Google Search Console、Bing Webmaster Tools、百度站長平台（Baidu Zhanzhang），與搜尋引擎保持暢通的溝通管道，可隨時接收來自搜尋引擎的通知及提醒，並可設定旅宿業所在地區、提交 Sitemap 及監控網站整體情況。

e.Schema 語意標記：完成以上四項，如行有餘力，可於網頁進行 Schema 標記的宣告，可以讓搜尋引擎自動擷取旅宿網站正確的內容，例如：旅宿品牌、房型、房價、位置、使用語言、付款方式等，業主可參考 https://schema.org/Hotel 中的各項宣告，選擇適合的語意標記在適當網頁進行宣告。

f. 以使用者角度檢視網站：在網站規畫、建置及測試階段，必須不斷以使用者角度審視網站，包括瀏覽旅宿資訊、客房說明及相片、線上訂房動線是否順暢，建議選擇有行動版介面的訂房系統。

g. 主機位置：建議依據旅宿業的主力客群所在地區採用當地網站主機，例如：

主力客群是台灣旅客,則採用台灣主機;主力客群為陸客,則採用大陸主機,如主力客群為國外旅客,但無明顯特定國家旅客時,可採用美國主機。

Q 3. 很多的微型旅宿業者尤其是民宿,會參加一些所謂的「民宿網」,讓它們統包官網,針對這樣的官方網站您有什麼建議嗎?

微型旅宿業主透過民宿平台建置官網,各有優缺點。

優點是: 1. 民宿平台的業務人員熟悉民宿官網的建置,對旅宿業主來說,只要把旅宿的文字及相片資料給民宿平台,官網很快就可以開站,有些民宿平台甚至於可代為撰寫文案及拍照,讓旅宿業主可把時間花在旅宿經營。2. 民宿平台通常會自行建置各地民宿的介紹頁面,例如「台南民宿」、「宜蘭民宿」,並經營這些頁面的 SEO 排名,而透過民宿平台建置的官網,通常可以在這些頁面曝光,對初期流量較低的官網來說,可導入部分流量。

缺點是: 1. 民宿平台多採用子域名或資料夾方式來建置旅宿官網,例如:imotel. motels.com.tw、mymotel.motels.com.tw,因此旅宿官網的網址是「掛在民宿平台下」,若未來要更換別家的民宿平台,或是民宿平台結束營業,則旅宿官網的網址會被迫更改,之前所經營的網站頁面及 SEO 成果,必須重新開始。2. 目前多數的民宿平台尚無行動版頁面,這對於多數已經習慣用手機瀏覽資訊的使用者來說非常不便,會導致網站的跳離率升高,不但實質影響到旅宿業主的訂房數,也會因跳離率影響到網站在搜尋結果頁的排名。3. 多數的民宿平台在旅宿官網會放上民宿平台主網的連結,這對於民宿平台來說是導流的好方式,但是對於旅宿官網來說卻是不利的,因為當我們的客人已透過搜尋進到旅宿官網後,卻可能因民宿平台主網的連結,反而導流至其他競爭業者官網。

我的建議:

1. 不論透過民宿平台或自架官網,強烈建議必須擁有自己官網的網域名稱(domain name),擁有自己的網域名稱,未來如更換平台或網站建置公司,才

不會被迫需要更改網址。

2. 如因時程及預算因素，初期可先委由民宿平台建置官網，但長期來說，建議還是需要擁有一個自己的官網，若預算允許，亦可自建旅宿官網及民宿平台的旅宿官網同時存在，由於搜尋引擎重視多元的搜尋結果，這在搜尋結果頁上，可能會同時呈現多筆該旅宿的頁面，這對旅宿業主來說是好事，不過要留意，自建旅宿官網及民宿平台的旅宿官網的內容呈現不要完全一致，建議改寫文字，以免讓搜尋引擎判定為內容重複而被處罰。

3. 部分民宿平台也會幫旅宿業主建置旅宿官網，其實只要可以符合上述「前期建置網站時，建議可做到的七個事項」、自己擁有獨立網址、旅宿官網不外連到民宿平台等，由誰來建置官網都可以，重點是要做出有利於使用者瀏覽及訂房、搜尋引擎可順利索引內容、在相關關鍵字擁有不錯排名的網站，那就是一個成功的旅宿網站。

Q 4. 微型旅宿業主還可以做的事

除了上述旅宿網站以外，旅宿業主還可以這麼做！

1. 建立 Google 我的商家頁面：讓旅宿可在 Google Map 曝光，亦可建立詳細資料，包含官網網址，導流使用者進來官網訂房。

2. GPSO：全球定位系統優化（Global Positioning System Optimization），除了 GoogleMap，尚有許多使用者依賴 GPS 導航機到達旅宿目的地，因此針對知名 GPS 品牌（例如：Garmin、PAPAGO、Mio、Trywin 等）逐個通知旅宿開業的位置及聯絡資訊，並提供相片、Logo 給 GPS 業者，有助於使用者可快速找到我們。

3. 建立社群頁面：搜尋引擎越來越重視社群流量，透過社群頁面的經營及導流，可讓搜尋引擎知道旅宿在社群是受歡迎的，有助於 SEO，例如：Facebook 粉絲

專頁、微博等。

　　4. 來電辨識 APP 優化：建議向來電辨識 APP 回報旅宿訂房電話（例如：Whoscall），讓來電辨識 APP 可儘速收錄旅宿電話，另可針對 APP 建立來電顯示名稱（例如：Whoscall Card），可讓使用來電辨識 APP 的客人，在接到旅宿來電的第一時間即可得知，漏接來電時，也可知道是旅宿來電而儘速回電。

note

在前述的前置建構設計完成之後，接下來才是旅宿業者更需要戰戰兢兢學習的重點，畢竟設計是把錢花出去，而經營才能把鈔票賺進來，前面的部分沒有好好記住沒有關係，還有許多專業人士可以幫助你，而從這裡開始才是決戰的開始！螢光筆準備開始畫線囉！

Chapter
03

永續經營法則

微 型 旅 宿 的 經 營

3 - 1

從 4W1H 檢視你的微型旅宿

在粗淺對微型旅宿市場與軟硬體有些了解後,接下來則要正式進入開「旅宿」階段,做生意有熱情卻沒有商業頭腦也是容易一敗塗地,無法永續經營,這裡將從旅宿經營的 4W1H 開始重建與檢視開旅宿的決心與方式。

▌Why:為什麼開旅宿

為什麼開旅宿?這個看似鬼打牆的問題,但也是從這個「為什麼」開始可以再重新理清自己的想法,而我的回答是:why not!但有幾個前提:

1. 你有滅不掉的熱情。

2. 你真的很喜歡交朋友(賺錢只是次要)。

3. 讀完了這本書你還是想要開。

「開旅宿在現在的時機~不要啦。」、「要開喔~應該是要早 5、6 年開啦,現在是自殺喔!」這些話是最近聽到一些長輩掛在嘴邊的勸戒語,但事實上我不以為然。

首先要釐清你所設定的微旅宿是什麼樣的定位及 TA,若你是設定為單一客種,例如:陸團。那肯定是自殺!再者審視一下最近捲鋪蓋走人的旅宿,他們平常的

行銷操作，他們怎麼操盤 OTA？（還是根本沒有上架？）

常常會發現附近開了一些莫名其妙的微型旅宿，過一段時間又莫名其妙的結束，最主要的問題不是政治問題、不是分母變大（競爭對手變多）、不是 OTA 沒幫你好好賣房，

最主要的問題是這些微型旅館根本是莫名其妙的經營著。

Nature selects, the fittest survives.（適者生存、不適者淘汰）以及 Struggle for Existence.（為了存在而奮鬥）這兩句話很適合為 2017 年的微型旅宿產業下標題。

為什麼要開旅宿？因為你有能力奮鬥生存，你能逢低進場搶到好的物件，在需求不再充足時更是練兵的時刻，你若可以在現在培養出健康的 RevPAR，那還有什麼困境能難倒你呢？旅宿的經營是多面且多功的，尤其身為一位成功的業主，從接電話訂房到捲起袖子搬行李、倉庫盤點庫存、一例一休人力安排、參透損益表和資產負債表、水電木工小維修一直到線上 SEO、OTA 操作、官網臉書粉專經營，從線上的電商經營邏輯到線下的服務及勞力付出等等，再加上旅宿是需要較多人力的業種；和人的磨合、訓練教化與培養教育都是煞費心神的工事啊！

所以，你想想…旅宿都能做得好了！你還怕什麼難事？

▌目標客層決定

目標客群（TA)這議題，相信問問谷歌大神它能在 0.62 秒找出 14,800,000 項
結果。

我們從下圖來做分析

TAM 基本上就是整個市場環境，當然也是業主想要把產品鋪天蓋地的區塊。

SAM 是我們產品可以覆蓋到的區塊。

TA 即所謂的最有可能購買我們產品的消費族群。

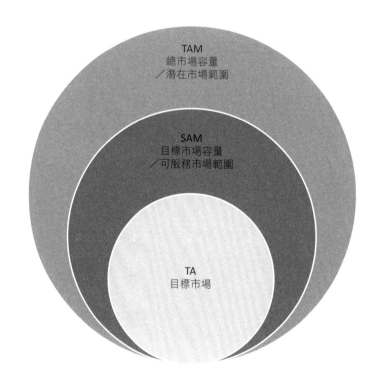

再帶入一個場景你們會更明白：

TAM 是來台灣玩的 1000 萬名遊客，SAM 是來到台東玩的 200 萬名遊客，TA 是接受你的房價、地點、風格的消費者們。這樣是否比較清楚 TA 所在的位置了呢？接下來我們怎麼樣知道自己的 TA 和潛在的 TA 呢？我們先把範圍分成開業前與開業後。

開業前我們可以先透過觀光局及一些 OPENDATA 找出 TAM，透過 TAM 來篩出大區域性的觀光客群、國籍分析以及淡旺季的消費變化；接著縮到 SAM，可以透過網擴工具 PROPHET，一些高流量的 MSE（見 P.145）、UGC（見 P.146）

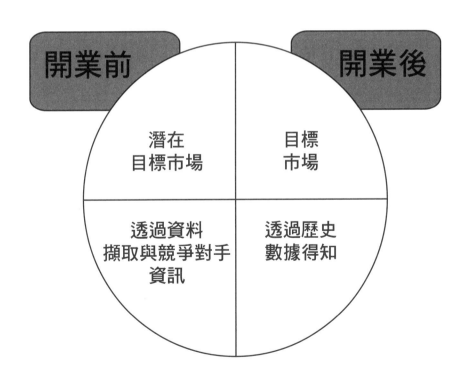

來挖掘商圈的消費屬性，參考同業的 OTA 產能報告，或是 OTA 在評論的消費者產業區分來探勘，下圖是在拉斯維加斯的某一家星級飯店，透過這樣的產業區分，明顯看出情侶是它們的主要 TA 占了 50.3%，8% 的商務客群則是最小眾。

　　開業前透過這些線上應用可以把 TA 的輪廓描繪出來，至少能拿到基本盤。開業後歷史住客的累積，我們可以透過 PMS 將顧客歷史資料篩出，看看入住的房客是商務目的、家庭旅遊或是背包客。並且累積的 DATA 越多，你 TA 的畫面會越清楚，假設累積了一年的歷史資料，我們可以展開成每個季度和每個月度的分析，你可能可以在報表上發現一端倪，例如：3、4 月背包客的量體縮減、2 月的情侶入住增加、12 月底商務客消失…等等，甚或是你可以透過你的 TA 架構去發現當初沒發現的潛在客群，雖然量體不大，但穩定成長，這時候可以針對這樣的新大陸來做培植，例如：近期阿包旅店拿到了清真認證的 Halal Certification，以前沒有的回教客人，慢慢地變成了我潛在的 TA，慢慢地茁壯，我原本的 TA 沒有減少，又多了一群回教消費者；TA 不僅是垂直成長也一併水平發展，這對於整體住房率是有絕對程度的影響。

▌ When：何時進場（該準備多少資金、裝潢、運轉金）

天時地利人和，找到能互相壓榨的股東、找到能發展行銷梗的地點、逢低點進場！

每個物件若是以用心經營為前提，基本上很難在短期間「進場」，我們拿青旅界的達人——西卡大叔光看過的物件（西卡強調，有走進去物件的喔！）就將近 400 個物件。而進場的時機不用催也不用趕，天時、地利、人和三位一體後，才能真正展現出物件的價值和傳達消費者最直接的體驗。

在興起旅宿念頭並且開始行銷＋業務＋尋物件的動作啟動時，股東成分的組合和公司的成立、資本額的設立，這些都息息相關，沒能給個標準，而且往往判斷錯誤時，會出現資金缺口而延宕程序，在資金方面若有不足的地方，建議可以透過股往轉增資或是釋出部分股權，找一名原股東擔任代表人，後面可以找一些想要投資但無法共同參與的投資人（出錢不出力等），如下表場景：

阿包旅宿原設定 100% 股權，資本額 1000 萬元，ABCD 股東都是共同創辦人，但因為其間 B 和 D 股東有資金困難，為了不耽誤整個旅宿取照時程，B 股東釋出了 20% 給 E 先生和 F 先生，但實際上 E 先生和 F 先生並不會參與公司業務和股東、董事會，B 股東、E 先生和 F 先生的股權代持是走私約，這往往也是身邊

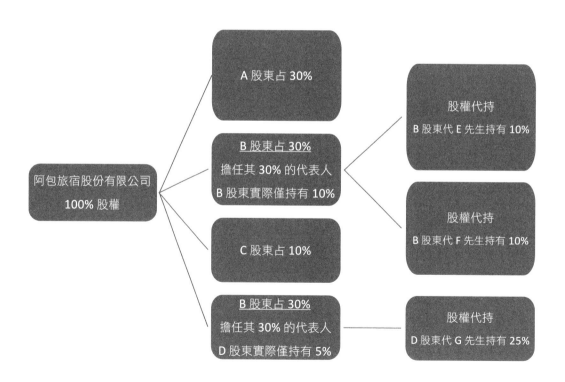

親信的親友，因為 E 先生和 F 先生是有一定的風險存在，同樣地，G 先生和 D 股東也是同樣的道理，但也因為有 EFG 先生的進場，讓阿包旅宿資金回補 450 萬元，立即紓困。

假若今天是在台北市蛋白區找老旅社（省卻請照的時程和成本）來修改，差不多可用坪數在 200 坪時，其建築成本依據風格有所不同，但若以青旅和採用「拆式裝潢」，自己發小包（比起統包節省 20~30% 預算），一坪的建設成本可以抓在 10~15 萬上下，當然也包含預備金 100 萬元；另外這筆預備金也可以透過上述的股往方式以低一點的利率來借貸，在初期的壓力會減輕不少！另外若是以套房形式來估算成本，業界一般是一間房間建置費用 100 萬元，當然這的費用是指「能營業且包含公共區域的均分狀態」

上頭一直在陳述資金的部分，不是我囉唆，是因為它很重要！但另一個更重要的是股東成分，記得千萬不要太過於複雜！因為人多手雜，所以剛剛提的股東架構到第三區塊時都是股東代持沒有實質的參與權，在決議事項時維持在原先的共同創辦人手上，這能加速決議和達成共識，另外，在初期揪團投資時，務必彼此要有共識，能被互相「利用」、互相「榨乾」，出錢又出力是共同創辦人必須經歷的路徑，沒有只出錢拉板凳看好戲這事兒 !!NEVER!

▌ Where 開在哪裡（地點選擇）

開在哪裡這個問題我們要先來談談微型旅宿的趨勢發現，什麼！？你連趨勢都看不到？讓我來提供幾個小撇步給你！（螢光筆準備劃線！）

STEP1：運用「元搜索引擎」（MSE: Meta-Search Engines)

我們要如何鎖定某個區域來查看當地的旅宿發展情形？最簡單的方式就是透過「元搜索引擎」（MSE: Meta-Search Engines) 來查看端倪，何謂 MSE ？ MSE 總的來說它就是一個大平台，API（Application Programming Interface）（註 1) 了各家 OTA 的價格、照片、房況，方便消費者線上選購。

但到底為什麼方便呢？因為 A 牌有的旅宿，不見得 B 牌也有，E 牌也有可能獨家與 XX HOSTEL 合作，所以在 MSE 上你可以在上頭看到各式各樣的價格與折扣、店家、評比與資訊！

這裡建議可以透過 Tripadvisor，Trivago，HotelsCombined，Room77 以及 QUNAR 來查看。其中說到了 Tripadvisor 這隻貓頭鷹，早已經深獲許多熱愛旅遊分子喜愛，在裡頭可以看到大批的旅宿資訊（約莫 80 萬家）、顧客點評（超過兩億則），但建議看佢們，參考參考即可，許多的灌水大軍也常在這些網站出沒！罩子記得要放亮一點喔！

Tripadvisor，Trivago，HotelsCombined，Room77 以及 QUNAR
是已經廣受消費者認同的旅遊搜尋引擎。

STEP2：「走訪體驗」感受微型旅宿的趨勢威力

除了透過 MSE 之外，「走訪體驗」也是可以感受到趨勢的威力，一到了假日我們會發現南投日月潭、清境、墾丁、花蓮、台北淡水及九份，總是滿坑滿谷的遊客，因為需求量的呈現，導致「供給」衍生，而這些地方也正是微旅宿發酵之地。

而你知道嗎？微型旅宿的趨勢往往會隨著 3 個特點前進：

✓ 總會跟著中大型旅宿的步伐

以台北西門町為例，從徒步區到雙連站為直徑就已經充斥著 460 家以上的日租套房、微型商旅及青年旅館。西門町是各類型旅館的必爭之地，往往規模型旅館 / 集團周遭就會出現許許多多的微型旅宿空間，這有點類似「肯爺爺的行銷學」，麥叔叔其實在開設速食店前得經過縝密的鄉野調查及行銷估算，地點、商圈、可行性分析、比較利益性法則…等在設點的評估花了很大的成本，但肯爺爺不需要，因為他就是跟著開在麥叔叔旁邊啊！

✓ 總會跟著人潮 / 旅潮走

以下這個圖是展現「Big data」的精神，把觀光局從 2013 與 2014 年的各市景點人數統計加總後，作 YOY（年度比較）的成長比較，台南，嘉義，連江，花蓮等地的成長幅度都在 20% 以上，就單從觀光人數預測上來說，這些景點發展突出，可謂是明日之星。

說到人潮，攻略網站也可以讓我們一窺一二，所謂攻略網站就是一些熱血旅遊達人分享上傳他們到達某一些景點的詳細資訊，無論是交通、美食、住宿，任何「眉角」都可以從這些攻略中挖掘。下方圖表是從大陸最知名的攻略網站中統計的攻略書下載量，既然它被下載，我們合理斷定，這個主題是有吸引到顧客群，

可臆測為亮點！台北、夜市、高雄、墾丁、當地美食、鄉鎮景點…這些都可以推估是能夠被發展的亮點！這是針對「陸客自由行」，若想要知道其他地區的旅潮，建議可以透過 Google Trend 或是 MSE 來做進一步分析！

　　另外對於台灣人未來最想前往的景點，國內部分以高雄 44% 拔得頭籌，其次為台南、台中、嘉義、新竹等地，國外則毫無意外的，第一名是國人的旅遊聖地：日本，接著則為美國、中國、香港、法國等。而這些資料也可作為開設微型旅宿的重要參考！

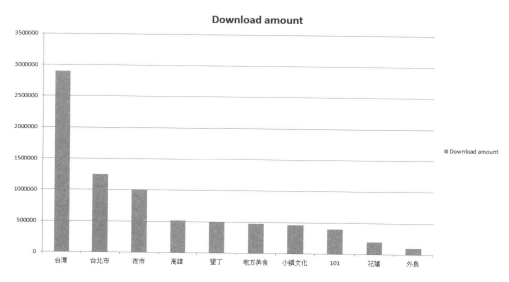

資料來源： 螞蜂窩 raw data, 白石分析

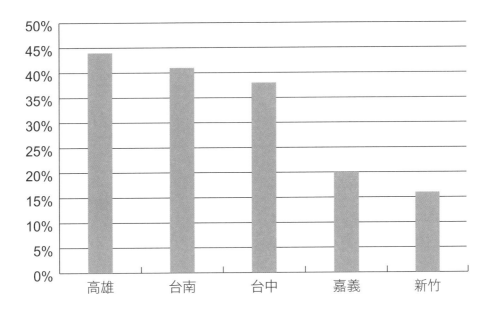

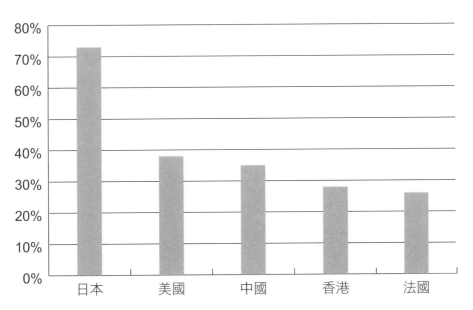

資料來源： Master Card raw dara, 白石製表

✓ 也總有反骨的微旅宿搶得利基市場（Niche Market）

是的，就是有一些反骨的老闆和客人啊！這些反骨的利基（註2）旅宿通常會出現在人跡罕至的地方，前不著村後不著店，GoogleMAP 都沒有實景的地方。但也就因為它們的地點反而引起了大批朝聖者，讓平常生長在都會區的我們，一到假日就想往郊區狂奔，聽聽蟲鳴鳥叫，享受森林浴！

舉例：台南南化，新竹南寮，雲林古坑…，雖然台灣不大但總是有這些反骨旅宿的藏匿之處，他們不需要虛華的廣告行銷，不一定要有打卡送好禮的粉絲頁，甚至你只聽說過它的存在，他們靠的就是口碑行銷，啟發每個人冒險的心理，讓我不禁想起那經典台詞：「I will look for you，I will find you，and I will kill you!（啊！這裡的 kill 指把它從 TO-DO-LIST 中劃掉。）但這樣的利基，要小心斟酌，若沒有操作得當，很可能立馬變成落水狗。切記切記！

註 1:API 應用程式介面（英語：Application Programming Interface，簡稱：API），又稱為應用編程介面，就是軟體系統不同組成部分銜接的約定。由於近年來軟體的規模日益龐大，常常需要把複雜的系統劃分成小的組成部分，編程介面的設計十分重要。程式設計的實踐中，編程介面的設計首先要使軟體系統的職責得到合理劃分。良好的介面設計可以降低系統各部分的相互依賴，提高組成單元的內聚性，降低組成單元間的耦合程度，從而提高系統的維護性和擴充功能性。資料來源：https://goo.gl/tgXsOJ

註 2: 利基市場（國內翻譯五花八門：縫隙市場、壁龕市場、針尖市場，目前較為流行音譯加意譯：利基市場，哈佛大學商學院案例分析的中文版中也是採用這種譯法），指向那些被市場中的統治者 / 有絕對優勢的企業忽略的某些細分市場，利基市場是指企業選定一個很小的產品或服務領域，集中力量進入並成為領先者，從當地市場到全國再到全球，同時建立各種壁壘，逐漸形成持久的競爭優勢。

▎Who：誰來做 （該僱用怎樣的員工，僱用多少人）

稍早提到的慎選股東，其實就是為了這邊埋伏筆呀！誰來做？籌備初期當然是自己跳下來做呀！千萬不要還在規畫時就「養」了一群人，租金裝修期可能會減免，但人力的薪水支出可少不了。切記！一開始的親力親為是必經之路。

開業前的準備期慢慢招兵買馬，切記要寧缺勿濫。面試員工時別再問一些傻問題了，老闆們！想知道該問什麼問題？讓我們看下去。

以早前提到的股東成分來舉例，初期的規畫和圖面時期，當然是 4 個股東都下海呀！這樣才能真切的理解整個物件的運作邏輯和概念，未來即便有專業經理人幫忙執行，你們也能做到傳承的動作。至於怎麼有效「榨乾」股東，如以下場景：

A 股東有工務經驗，幫忙監工。

B 股東有財務經驗，負責財報和記帳大小事。

C 股東有設計背景，所有視覺識別和軟件擺設捨你其誰？

D 股東有旅館管理經驗，SOP 訂定和招兵買馬以及競爭對手調研也是非你莫屬。

大家還記得第三區塊的那三位 E、F、G 先生嗎？真巧，E 先生是木工師傅、F 師傅是系統櫃商、G 先生是家電行業者，當然這邊的舉例有那麼點「巧合」，但實際上微型旅宿的集成，就是要透過各位股東的「眾籌技能」來減少成本支出，一方面也能為股東和被代持股東帶進生意機會，讓彼此的合作關係更加緊密，魚幫水、水幫魚。

開業前的招募問題，別說一些偏鄉的痛苦，在蛋黃區也因為流動大，人力的調度和教育更是困難，現在常見在微型旅宿的徵才方式有以下幾種：1. 打工換宿平台 2. 數字網－釣魚式徵才 3. 自媒體徵才 4. 口碑推薦

　　所謂數字網徵才方式就是業者上頭刊登廣告讓有興趣的應徵著來投遞履歷；另一個是打工換宿平台，這模式其實有褒有貶，有人認為若是打工換宿的對象是外國旅客，是否有打黑工的疑慮？但若是台灣大學生利用暑假期間做環島行程時採用這樣的方式，似乎就能說得過去囉！而國內外其實有很多的打工換宿平台可以參與，或是在一些論壇、PTT 都能看到，去年某個數字網也發現這類需求，進而多增加了這類平台，蔚為風潮。口碑推薦通常是透過同業或是現職員工的推薦，這樣的推薦方式其實會有兩種壓力，股東的妹妹你用與不用都有點尷尬，你推薦去旅宿的員工捅了樓子，你尷不尷尬？

再來是徵選人員的一些條件，我在數字網節錄了一則條件要求如下：

接受身分：應屆畢業生、夜間就讀中、原住民【相關法令】、二度就業
工作條件：
1. 待人有禮，個性樂觀。
2. 乾淨整潔，提供清潔衛生的住宿空間。
3. 認真負責，確實完成每日工作進度。

這些似乎都是比較籠統、抽象的條件，在語文上更沒有特別要求，我建議在條件上應當把語言要求一併置入、還有 PMS、OFFICE 等系統的操作若能上手為佳。

而和應試者約定了面試時間後，務必做一些術科的測驗，包含簡單的 EXCEL 試算、中英打的測算、模擬突發狀況思考解決方式以及試探其「熱情度」，透過一些問題來提問，在這裡列舉一些地雷問題供大家參考：

（可以問）之前的工作經歷，大概都做多久？三個月？三年？

可以判斷出以往的工作熱度，一方面透過履歷複查可以測試誠實度。

（不可以問）為何選擇 Hostel?

相信我，他在家演練時已經背好了考古答案。

（可以問）你覺得旅行的意義？以及你認為 Hostel、旅遊和工作在你心中的地位是如何？若要排名你會？

透過這個問題，可以稍微判斷出，他是個純玩咖還是個負責任的小幫手。

（不可以問) 若你是這家 Hostel 店長，你會怎麼做？

相信我，坐而言不如起而行。

How：如何做

　　旅宿經營實力怎麼做？這個課題實在無敵廣、無敵深。若你是菜鳥旅宿人，能快速學習的機會就是透過網際網路，透過網路的行銷模式和數位化管理能加速上軌道的時間，而實作的線下操作則可以讓小幫手邊工作且學習，但關於到經營方向和行銷概念則強烈建議自己投身進去體會，另外若想要再加快蜜月期的痛苦，和有經驗的顧問團隊或是同業前輩協作，也能減少重蹈覆轍的機會。

note

3 - 2
微型旅宿經營實力養成

旅宿業是一個需要用「心」經營的產業，常常看到有一些青年旅館以「商業模式」來複製，連鎖青旅一家一家開設，到最後忘了初衷，忽略了旅人與主人的交流，也忽視了旅人與旅人間的串接。儘管旅宿業者是管理達人、旅宿活字典、業界打滾 N 年，但一旦沒了態度，一切都是枉然。保持熱情是最困難的！這也是為什麼我常常提醒想要踏入微旅宿的夢想者，「你是否有辦法數十年不忘熱情？」在一切程序穩定，管家幫你打理了一切，你還是可以淡定的每天坐在公共空間和世界各地旅人交流，一如往常？微旅宿不是短線投資，你得到無形的回饋遠遠多於物質上的，這些都是現實面，**Are you ready for it**？

▌ 開店前的行銷思考：比硬體設施早就過時，現在是比「梗」的 時代

我們回到稍早提到一家旅宿該有的開端——行銷設計，就如同剛剛我所說的行銷設計要先走在前頭，而不是先有硬體才想軟體與數據，在裝潢開店之前就要先設想在這個地點、這個物件要用什麼樣的行銷方式去吸引客人？以及如何長遠經營？而行銷設計也正是軟體＋數據的產物，這三大重點不是單獨發展，而應該是相互加乘應用。這邊的行銷設計正是包含了所謂的網路廣告布局、社群媒體導流、未來故事及活動包裝…等等。

行銷設計的用意其實就是要找出這個物件的「梗」，而且這個梗不能是固定不變的（例如：溜滑梯？！），必須是一個「活的梗」，然後去設計它、應用它並且配合之後所要提的軟設計！

舉個今年碰到的例子，有一個 36 年的老旅社，18 間套房，店裡的陳設維持在六〇年代，古老堪用的電話總機、交換機、老檜木家具、奇石擺設、小磁磚浴缸，若以投資者或建商或工班的角色，估計就是直接重算坪效、軟件全扔、裝潢打到剩下毛坯，但若是以一個行銷的角度置入，我們可以有更多方式去經營活化，賦予其故事性，就算是真的基於未來的維護或風險費用考量要拆除，行銷的包裝也可保留文物、紀錄，甚至能與相關的機構做贈與或典藏一部分，不僅達成行銷也完成了「企業社會責任」，不是雙贏嗎？這也是造就「我的旅宿」和別人不同的重要關鍵，比硬體設施早就過時，現在是比「梗」的時代。

在這裡想跟大家分享一個「硬體梗」，這也是個旅宿會考慮進去的物品：電話。

電話通常都是列於一般購買清單，不會特別去選擇，在客人端更是如此，而且基本上也不太會碰到它。針對此我建議可以把電話、弱電配置、電話孔這些成本都省下來，每個房間放一台 Walkie Talkie（對講機）即可。現在的無線電可以USB 充電，可以當照明燈，可以播放廣播電台，可以選擇頻道（例如頻道 1 就是櫃台），甚至可以讓客人攜出，方便跟車時溝通或是在大賣場時聯絡，以摩托羅拉 T5PLUS 為例，最遠可以到達 10KM，而現在的對講機已經可以薄到 1.6 公分的厚度，攜帶上和一般手機是一樣方便，平時就以基座的方式放在房間內，在基座旁就說明操作方式以及頻道所對應的部門單位，例如頻道 2 是房務部，當 302號房的客人呼叫了：「我這邊是 302 號房，需要一條大毛巾。」房務部的所有執勤人員都能夠聽到這個需求，靠近 302 的房務員就可以就近送達，省卻人員指派時間。你說，這樣是不是不只省錢，又能達到行銷目的；而將電話換成對講機，更能形成顧客記憶點。

▍培養長久經營與實力養成

這一節我們來討論一下「實力」和「長遠經營」這兩件事，實力可以把它當成對外有好的顧客回饋，被消費者所喜愛；對內則是有系統的標準作業程序和有方法的行銷業務模式；長遠經營可以當成在大市場多數競爭對手業務趨緩的狀況下你還是可以維持不錯的每間可售房收入 RevPAR（請見 P138 旅宿經營關鍵公式）（注意喔！不是 ADR（請見 P137 旅宿經營關鍵公式）或是 OCC（請見 P138 旅宿經營關鍵公式））

旅宿是一個以提供服務為本質的行業，所以它的產品演化最核心的就是服務，但所謂的服務不論是接受方或提供方，它們都是比較偏向主觀的，大家心裡都會有個服務標準槓桿，每個人的觀點不盡相同，在微型旅宿上面來說，貼切的服務是贏得消費者的一大主因；而關於內部的行銷業務模式，很多經營者是 Service-Orientation（服務導向），這當然沒有什麼不好，服務是核心，但勝出往往是在於行銷，現在台灣旅宿經營者是 Marketing Orientation（行銷導向）的比例仍然偏少，這是因為除了要有好的 RMS（營銷管理系統）可以利用之外，本身也必須培養市場敏感度和判斷力來加強旅宿營銷戰鬥力，而在這之前，你是否了解你的旅宿，了解以你旅宿為標準的狀況去探勘和判讀市場狀況？

什麼是你旅宿的賣點？設備新穎？地理位置絕佳？主題鮮明？

什麼是為客人稱讚的部分，設施、餐廳還是交通便利？

為什麼消費者會選擇你的旅宿，奢華、服務棒還是價格划算？

一旦你開始探詢這些問題的答案，你會慢慢發現自己旅宿的優勢與地位，這裡要來透露幾個小妙招給大家：

1. 分析旅宿客源結構

客人多屬於散客、會員客人、公司簽約客人或旅行社團體？這在剛剛「WHAT 你的對象是誰」有提過，了解客源結構就能預估淡旺季來調整價格，更重要的是哪些時段不可以調價？

記得要以旅宿的最大利益來當判斷的出發點，簡單說就是把自己當成老闆。能賣 2000 元的狀態下絕對不賣 1800 元！找出可以抬高價格的空間，透過貢獻度、平假日的客源結構來慢慢調整客源和價格結構。

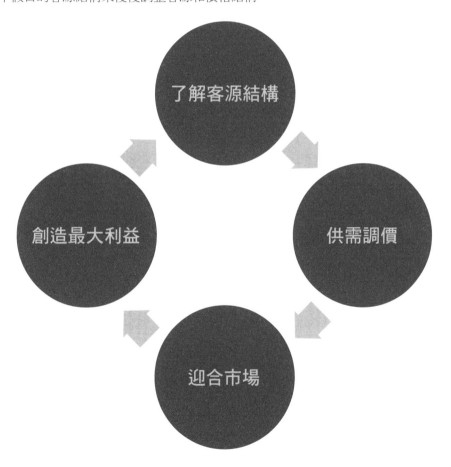

2. 心理價格

調價的過程要使用「無痛技術」，可以透過一些專案來裝飾，簡單舉例：

阿包商旅現在假日一晚賣 2000 元，但希望下個月開始收入能至少漲幅 20%，那麼我這裡會建議，將定價調成 3000 元，但設固定專案為 8 折，如此實收則是 2400 元，漲幅符合業主期待，折扣的字樣也讓消費者有了小確幸呀！

還有另一種無痛漲價模式，使用「變相」的漲價就是把購入的門檻拉高，例如：

阿包商旅現在假日一晚賣 2000 元，但現在變成 2850 元，即變成一泊二食，把餐飲成本扣掉，客房收入也尚有 2400 元，消費者端也會認為一樣是兩千多元，但省卻了找晚餐的麻煩，CP 值瞬間拉高。這裡的重點就是讓消費者的心理落差不要太大。

收益管理背後的概念是通過定價的差別來有效地管理收益和庫存，對市場和客人的細分，為旅宿控制資源、提高收益提供了準確的信息來源，對不同類別的客人需求進行相對準確的預測，並採用不同的預售方法和價格差異化的控制，讓風險減少。而它的基礎是細分市場的需求彈性，不同類別的客人的需求、價位和消費特性也有很大的不同，因此其消費行為模式也不一樣。

3. 超額預定（Overbooking）

我常常告誡業者們「心臟要大顆」，就是在超額預定這個時候受用啦。何謂「超額預定」？通常在高需求時，住房率很快就會飆升，往往訂房組在這時候就會提早將 OTA 關房，但我會建議這動作必須要避免，假若今年的活動和市場沒有太大幅度變動的狀況下，我們應當透過歷史數據來概算出一個數值，適當的超接訂單。

看到這裡應該很多人覺得 Bob 你是不是瘋了！到時候超接引起的客訴、轉房、

溝通成本…都會是個棘手的問題。

　　沒錯！所以必須「適當的」操作，首先要確認入住訂單，費用是否全額收到，沒收到全額的房客，可以提早發出 Welcome Letter 試探看看客人是否有要做取消？團體是否已經收取費用？房型是否需要調整？找看看有沒有空房？等等，這通常被叫做「清房」。關於 Overbooking 一般在業界尚有下方的公式可以參考（可配合歷史數據服用）。

4. 操盤 OTA

　　這也是下個章節的重點之一，了解市場環境，理解自己的目標市場在哪裡，再利用 OTA 的流量優勢，配合各式的露出形式加以合作，再經過行銷路徑的暖機動作，一家新的旅宿一般透過 OTA 洗禮能在三個月內有明顯的成長，知名度肯定也能夠漸漸出色，以下 Bob 用四個圖片來解釋苦盡甘來的程序說明。

5. 經營狀況分析檢討與追蹤

定期的經營報表可以透過 PMS（註 1）、RMS（註 2) 或是 Channel Manager（註 3)給予協助。而如何幫自己做旅宿檢討報告？基本上就要用到所謂的「內數據」，透過數據採集來一一分析！

簡單說，這個檢討報告分為日報表、週報表和月報表要檢討的事項，Bob 羅列成以下圖表，建議業主透過以下的報表模式讓現場操作的人能夠更了解自己的產品發展與優缺狀況，期許達到「共同目標」。

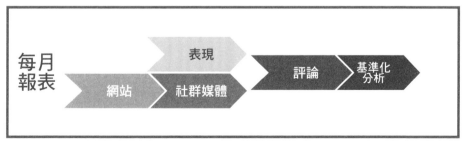

另外關於每日報表的部分，若 PMS 沒能篩出一些日常數據，可以利用 Google EXCEL，於在關帳前上傳房況和房價，如以下的範例：

	A	B	C	D	E
		11月1日	11月2日	11月3日	11月4日
1					
2	實際入住套雅房	13	15	10	17
3	故障套雅房	1	1	1	0
4	員工用套雅房	1	0	0	0
5	招待套雅房	0	1	0	0
6	套雅房住房率	86.7%	100.0%	62.5%	100.0%
7	實際入住床位	17	20	38	33
8	故障床位	0	1	0	0
9	員工用床位	1	0	1	1
10	招待床位	0	1	0	0
11	床位住房率	43.6%	52.6%	97.4%	84.6%
12					
13	實際入住套雅房 ADR	2100	2110	2300	2430
14	實際入住床位 ADR	700	740	690	700
15	實際入住套雅房 RevPA	1820.0	2110.0	1437.5	2430.0
16	實際入住床位 RevPAR	305.1	389.5	672.3	592.3

旅宿經營關鍵公式

旅宿業本身也得審慎的定期檢查產品與服務品質，例如定期的硬體翻修，落實服務細節 SOP，提升軟體效性，都是增加競爭優勢的唯一辦法。

假若你是一個旅宿夢想者，強烈建議必須事先了解當地旅宿現在與未來增加狀況、市場屬性、目標市場，更要了解地方政府的觀光推廣計畫，畢竟整體而完善的軟硬體措施與行銷推廣計畫，才是吸引旅客不斷造訪的關鍵因素。

我們可以透過以下的一些計算公式來衡量自己的發展狀況，定期作身體檢查。

以下計算公式給大家參考：

1. 已售客房平均房價（ADR,Average Daily Rate)

客房總收入 ÷ 客房出售總數

平均房價的高低直接影響飯店的收入，而影響 ADR 變動的主要因原因是房價、客房出租率和銷售客房類型結構（床位 / 套房 / 家庭房），這其實是 Bob 和業主第一次見面時常常會提到的問題。能知道這旅宿的 ADR 就能去估計出它的目標客群和競爭對手，這個數字頗為重要，但往往也有很多人（業主、投資客）會去誤會這個 ADR 值。

舉例來說

老闆 A: 哈哈哈！我的民宿 ADR 這個月是 3,000 元！很厲害吧！哈哈哈！

老闆 B: 哇賽！我才 2,000 元，但我住房率是 90%，你的住房率呢？

老闆 A: 耶？這我倒沒注意到…

登愣…，假設老闆 A 的住房率只有 20%，小編試算一下給大家看看：

A 共 10 間房，10 間 *20%*30 天 *3,000 元 =18 萬為總收入

B: 共 10 間房，10 間 *90%*30 天 *2,000 元 =54 萬為總收入

老闆 B 大勝！

2. 入住率（OCC, Occupancy）

是指某一特定時期實際售出的客房數與可售房數量的比率。

入住率 = 實際售出客房數量 / 可售房數量

上一個 ADR 中有提到入住率（OCC)，入住率能夠看到你的旅宿的「受歡迎程度」，而當然 OCC 和 ADR 是相輔相成的角色。 算式舉例：

我有 10 間房，今天入住的有 3 間，續住的 2 間，故障房 1 間

那麼我今天的住房率會是：：（3+2)/（10-1)= 55%

是的，故障房不能算入，因為分母是「可售房數量」，是不是很清楚能理解了呢？

3. 每間可售房收入（RevPAR, Revenue Per Available Room）

每間可售房收入（RevPAR）等於客房收入除以可售客房數。RevPAR 不同於 ADR，前者的分母是可售客房數量，後者是實際售出的客房數量。

RevPAR= 入住率（Occupancy）X 平均房價（ADR）

或

客房收入 / 可供出租客房數

我們以稍早的老闆 AB 來當範例，算算他們的 RevPAR：

老闆 A：20%X3,000 元 =600 元

老闆 B ： 90%X2,000 元 =1,800 元

以投資人角度來看，老闆 B 的 RevPAR 就中啦！

RevPAR 的主要效用是比收益率（Earnings Yield = Net Profit/Market Cap)，更能體現估測投資回收的能力，使用 RevPAR 在旅宿之間水平比較，可以讓旅宿做好市場、戰略定位。如果 RevPAR 逐年走低，説明旅宿的經營能力在下降，硬軟體可能需要改造，經營必須創新；如數值走高，説明在住房率和平均房價上仍有潛力。

4. 轉換率（CVR, Conversions Rates）

轉化率＝（轉化次數 / 點擊量）×100%

CVR 可以用在廣告行銷上來做計算，但若用在旅宿端的利用，我們可以把轉化率來當一個檢討標準，舉例其算法：

今天有 100 個消費者點進我在 Booking.com 的房間，但是實際收到的訂單卻只有 1 張，這個 CVR 就是 1%，是不是很簡單呀？

也就是做到 CVR 越高，那麼你就越棒棒啦！但若不高，我們要檢討，為何不高？是不是點進來後，客人不滿意我們的價格？不滿意照片？不滿意地點？還是沒有適合的房型？

我們可以透過 CVR 來反省自己，也可以透過一些 AB 測試（ AB Testing ）（註 5）來找出問題。

5. 投資回報率（Return On Investment，ROI）

投資回報率（ROI）是指透過投資而返回的價值，企業從一項投資性商業活動的投資中得到的收益回報。它涵蓋了企業的獲利目標。利潤和投入的經營所必備的財產相關，因為管理人員必須透過投資和現有財產獲得利潤。

我們在投資一家旅宿或是要測算一家旅宿的回收成本時，必須考量到這個公式，因為它可以看出這家旅宿的綜合盈利能力：

投資回報率（ROI）＝ 年利潤或年均利潤 / 投資總額 ×100%

ROI＝ 賺到的錢 / 投入的本金

舉例來説，Bob 花了五十萬元買了一支沛納海的手錶，買回家後拿到網路上賣七十萬元，挖咧！還真的成交了！那這交易的 ROI 是多少 ?20 萬／ 50 萬＝ 40%這就是 ROI。

註 1：PMS（控房系統）專為餐旅業設計的軟體系統，除了改變業務流程和管理模式外，還能增加收入、降低成本並提高顧客滿意度與輔助決策支援。

註 2：RMS：對整個企業資源進行戰略性的預測分析和計畫的工具，可以匯總、整理、挑選集團內部各單位的資料，從微觀到宏觀對這些資料進行分析；工具擁有旅館業的主要指標，如基於可售房收入（RevPAR）、基於客源的收入（RevPAC）等指標性數據，旅館可以評估出自己的商業效益。通過這些資料的分析並根據主要業績指標，可以更有信心做出科學性的預測、分析與管理。

註 3：Channel Manager ：是一個將產品供應與服務進行垂直與水平整合，達成具深度與廣度的服務系統，讓市場上的庫存房資訊透明化，由 Channel Manager 系統介面，與所有參與的通路（各大 OTA）連結，只要一個後台、一個操作介面，所有通路的房間庫存共用、房價一次修改、訂單一次蒐集、資料拋轉前台。藉此，旅宿業便可有效自行管理房間庫存，也不必擔心資訊外洩，進而進行最有效率的應用，減輕旺季一房難求，淡季卻銷不出的窘境。

註 4：基準化分析法（benchmarking）：將本企業各項活動與從事該項活動最佳者進行比較，從而提出行動方法，以彌補自身的不足。benchmarking 是將企業經營的各方面狀況和環節與競爭對手或行業內外一流的企業進行對照分析的過程，是一種評價自身企業和研究其他組織的手段，是將外部企業的持久業績作為自身企業的內部發展目標並將外界的最佳做法移植到企業的經營環節中的一種方法。實施 benchmarking 的公司必須不斷對競爭對手或一流企業的產品、服務、經營業績等進行評價來發現優勢和不足。

註 5：A/B Testing 的用途是用來測試多種版本的網站編排，讓網站的設計者或經營者能透過對不同版本的網站排版方式來測試那一種是最能達到想要的目的，包括購買、註冊、點閱及下載等不同的目的。

note

在建立好旅宿前置所需要的各項「設計」，再來就是現代旅宿不能再當鴕鳥，一定要睜大眼睛認真研讀的線上行銷。就像前面所說現在已經不是發發傳單、在旅宿外放個「有房」招牌，就能了事的年代，不了解線上行銷可能永遠就如招牌一般永遠「有房」。這個章節我會帶領大家進入網絡世界，網海無涯，大家抓緊囉！

Chapter 04

微型旅宿的
O2O

線上行銷致勝關鍵

4-1
OTA 線上訂房大破解

這一章是要來幫諸位微型旅宿的業者們一起練功！希望藉此能讓大家更深入體會 O2O 的旅宿世界，也讓大家不要只聽到 OTA 就又愛又恨，而是能活用它！善用它！利用它！

首先讓我們解構一下所謂的 OTA（Online Travel Agencies）是什麼？ OTA 除了是一個線上的旅行社，它還具備了線下旅行社做不到的一些額外功能，準備好要開始加入我們 OTA 列車的行列了嗎？以下讓我們看下去：

▎ 微型旅宿小字典

1.OTA：線上訂房平台（Online Travel Agencies），是旅遊電子商務行業的專業詞語，這個詞大家已經非常清楚。OTA 的出現將原來傳統的旅行社銷售模式放到網路平台上，更廣泛的傳遞了線路資訊，互動式的交流更方便了客人的諮詢和訂購。

主要五家：ABCDE（agoda、Booking、Ctrip、Double E<eLong & Expedia>）

2.MSE: 元搜索引擎（Meta Search Engine）是一種調用其他獨立搜索引擎的引擎。「元（meta）」為「總的」、「超越」之意，元搜索引擎就是對多個獨立搜索引擎的整合、調用、控制和優化利用。我們以 TripAdvisor 來解釋一下它的運作邏輯：

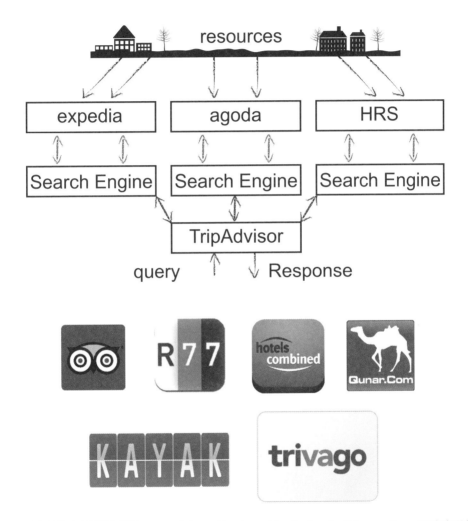

有比價功能的旅宿房價搜尋網站，TripAdvisor、Hotelscombined、Kayak、Trivago、Room77 和去哪兒。

3.UGC：用戶原創內容（User Generated Content）。UGC 是伴隨著以提倡個性化為主要特點的 Web2.0 概念興起的。UGC 並不是某一種具體的「東西」，用戶既是受眾又是傳播渠道，是一種用戶使用網路的新方式，由原來的以下載為主變成下載和上傳並重。YouTube、Facebook、MySpace 等網站都可以看做是 UGC 的成功案例，社區網路、視頻分享等都是 UGC 的主要應用形式，另外還有直播平台，例如：17 直播，也是 UGC 之列。

簡言之，這個平台基本上沒有內容提供，是使用者互相創造內容的。例如以下的 3 個平台，貓頭鷹（評論）、臉書（社交）、窮游（遊記）。

4.O2O（online to offline；offline to online）：這是指凌駕在前面三點之上的體系。

客人在線上訂房去線下體驗入住（Online to offline）；線下的青年旅館拿到線上的訂房平台銷售（offline to online），圖示如右：

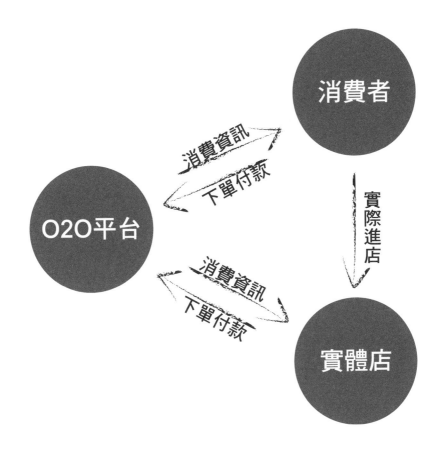

初次見面！OTA

有多人問我，「Bob ！官網用得好好的為什麼要使用 OTA ？而且 OTA 的抽佣那麼重，豈不是賺來的錢都白白送人了嗎？」但其實我們應該這樣思考：在微旅宿的產業，可能因為成本、人力、物力的限制，我們沒有額外的 PR（公關）經費或專業經理人操盤控制，我們可以倚賴的是現成的這些曝光機制，而 OTA 就

是最好的一個選擇，它幫你帶進FIT（自由行）的客人，甚至你可以啟用「詢問單」的模式來「挑選」客人，每家OTA都會有不定期的曝光活動，透過B2B的模式免費幫你打廣告（雖然佣金還是得被抽）。

但在我這麼回答時候，不是要我們就把旅宿的主導權交給OTA，畢竟現在是你在開微型旅宿，而不是其他人啊！OTA能載舟亦能覆舟，過度的仰賴，不見得是件好事，我們要學習「有效利用」它。

我常在說OTA和微型旅宿彼此的狀況，套用FB中情感狀態常看到的一句話「It's complicated（一言難盡）」可謂是一針見血啊！要怎麼化險為夷，讓我們看下去！

現在台灣不論國外或本地的OTA那麼多，該怎麼選擇進入呢？

就如我一開始所說的，主要的五家，ABCDE（agoda、Booking、Ctrip、Double E<elong & expedia>）可以先開始合作。

除了這五家基本盤鞏固之外，以下這幾家的屬性也是很適合微旅宿的業者來經營：airbnb、ratestogo、Hostelworld and Hostels.com。

接下來，申請手續也十分簡單，各家 OTA 可以透過官網的連結申請合作，以 agoda 為例子，可以在首頁最下面的「選擇服務」中，找到「住宿夥伴」，接著只需要三分鐘的時間就可以完成登錄，隨後會有專人與您聯繫，討論上架事宜、佣金、價格、專案、照片、內容等資料。

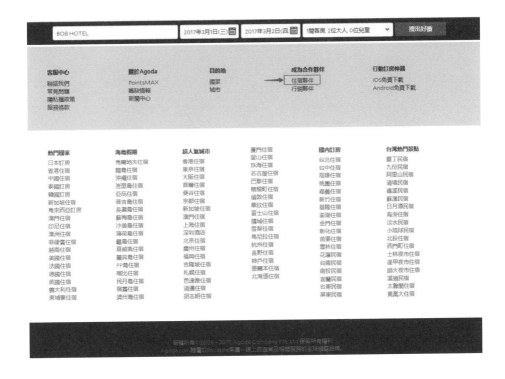

在申請之後，首先我們要了解 OTA 擔任的角色位置，OTA 基本上是一個墊腳石，幫你把潛在的旅人領進門，而旅宿業者要做的是留住這位客人，下回入住時透過官網訂房，抑或是幫你做口碑宣傳時推薦你的官網訂房。

我會建議一家新的旅宿初期放開胸懷的與 ABCDE 合作，別擔心佣金！（Bob 前面有分析過。）物件描述或是特色，有自己的想法，不想透過這些 OTA 的制式規格，這些都是可以改動的，妥善處理各家 OTA 流程，學習良好控房習慣，親力親為是重點。

熟悉各個後台介面且正式開賣之後，進入到成長期，可活用 OTA 的專案設定功能，附加費設定來增加營收，請 OTA 的窗口幫忙申請 white label 訂房網站，了解收費、收單流程，選一個你喜歡的模式，把這個免費的訂房網站掛在粉絲頁或是 LINE 等社群媒體方便客人預訂。（前提是你的官網沒有金流服務或是 PMS 沒有附帶的官網服務。）粉絲頁目前提供一個「立即購買」的欄位可以設定，如下圖所示。

每家 OTA 都會定期／不定期的發出電子傳單（EDMs :Electronic Direct Mail），當然必須要配合一些專案活動才能夠參加，不管什麼樣的活動，只要不觸及底線，盡量去做吧！

在成長期間訂單會越來越多，很多東西都是做中學（OJT: on the job training），總會手忙腳亂，超接訂單，紀錄錯誤的訂單資訊，客人突然出現在你面前說有訂房，但其實今天早就客滿，這種事件會不斷發生，這時候可以開始考慮使用分銷管理系統（Channel Manager）。

一旦有了分銷管理系統，你可以好好的喘口氣，更多時間在處理行銷與庶務上的工作，接著準備進入成熟期，但請切記，在成長期的每位客人登記入房或退房時要不厭其煩地去「關心」你的客人，並且貼心地告知他，爾後訂房其實可以透過官網直接預定或是「下次要訂房，直接打電話給老闆，我給你特別價格」這樣的話術，來拉回 OTA 客人成為你自己的回頭客，最後，能夠提供名片、「QR CODE」甚至把客人加入你的微信或 LINE 的好友，直接洗腦式放送好康給客戶，吸收成為「未來自來客」，當這一步你也做足了，恭喜你，你翅膀硬了！

若發現你 OTA 訂單的成數下降，而官網訂單成數上漲，表示你已經成功經歷了天堂路，可以開始放輕 OTA 的步伐，調整成官網的重心。

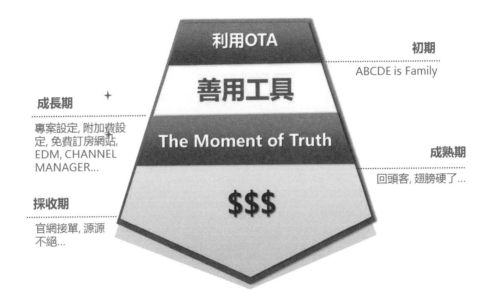

成長期
專案設定, 附加費設
定, 免費訂房網站,
EDM, CHANNEL
MANAGER...

採收期
官網接單, 源源
不絕...

初期
ABCDE is Family

成熟期
回頭客, 翅膀硬了...

善用分銷整合平台系統（Channel Manager）

人力是微旅宿最頭痛的一點，10 個房間頂多三位的管理者輪流，另加上 PT
（兼職）的房務清潔，若要再控房，這往往會是最容易失誤的癥結點。假
設我們只跟 ABCDE 這五家 OTA 合作，意味著我們有五家後台需要管理，五
組帳號密碼要輪流登入，再加上自家的 PMS，共六個後台需要控管，但下
面這樣的狀況就常發生：AM7：00 管家在廚房煮早餐，此時電話響了，管
家接到了 12/31 的雙人房兩間，沒辦法登入 PMS，只好寫在餐巾紙上，塞
在口袋內；又在此時，101 號房客人急著退房，又需要協助呼叫計程車服務，
早班的同事及時趕到，立馬協助安排計程車並送走客人， 又在這時，早班
同事收到了 EMAIL 是訂 12/31 的雙人房兩間。早班同事馬上確認有房並且

input 到 PMS 中，但悲劇還沒結束！五家 OTA 還沒關房…在這短短的 1 小時，接到了 2 張訂單…一個字「慘」。

這樣的劇情每天都在發生著，尤其發生在高需求（high demand）的連假及國定假日，OTA 能幫你帶進更多的訂單，但業者有沒有「能力」接受，那又是另一個狀況囉！

所以這裡要介紹管理 OTA 的好工具－ Channel Manager，這套系統必須說是所有 OTA 愛好者的「神器」！剛剛提到若你有五家簽約 OTA，意味著當天若已經客滿，你必須一一登入這五家後台，逐一關房，效率不足，而且增加錯誤發生的風險，這時就需要 Channel Manager，簡單說這個分銷系統即是所有 OTA 的管家，你只要針對這個管家，下令開關房的日期及欲改價的費用，它能夠一次幫你搞定！市面上 Channel Manager 的品牌包羅萬象，但值得慶幸的是很多品牌是按照總房間數來收費，對於房間數少的微旅宿業者無疑是個福音啊！

蒐羅了一下中外 Channel Manager 品牌如下：Fastbooking、eZee、Myallocator、Accubook、TravelClick、RateTiger、Hotel nabe、SiteMinder。

Channel Manager 能夠將產能最大化之外還能減少錯誤的發生，往往訂房組人員害怕超接，總會提早做關房，但這樣的動作等於是將客人拒於門外。控房不得當會影響整個住房率及總營收，真的是必須審慎以對。

因此 Channel Manager 運行邏輯是這樣的：老闆打算在 10 月 1 日開放 10 個房間給 OTA 去做銷售，於是對 Channel Manager 下了 10 月 1 日房量 10 間的參數，只需數分的時間 Channel Manager 會通知所有 OTA 開放 10 間房於 10 月 1 日，假定下一刻於 Booking.com 進了一張 10 月 1 日的訂單，Channel Manager 會立即回推給其他家 OTA 並通知房間數量改成 9 間。傑克！這是不是很神奇？言下之意就是説，若跟 Channel Manager 合作就能夠讓 OTA 同時幫你賣房。 但也有些業者會問起，但我合作的 OTA 就那五家（ABCDE）呀，Channel Manager 能串到 250 家對我來説沒啥幫助耶！It's so…wrong ！既然這些 Channel Manager 可以串到 250 家 OTA，那就放手去跟這些OTA簽約吧！ 1 個房間有 250 個市場、250 個品牌幫你曝光、幫你銷售！何樂而不為？只要是佣金負擔得過去，我相信多簽 OTA 是毫無害處的，尤其在 Channel Manager 這神器加持下，價格、房量、套裝優惠都可以統一管理，節省了時間和人力耗費，真的可謂是微旅宿業一大福音啊！

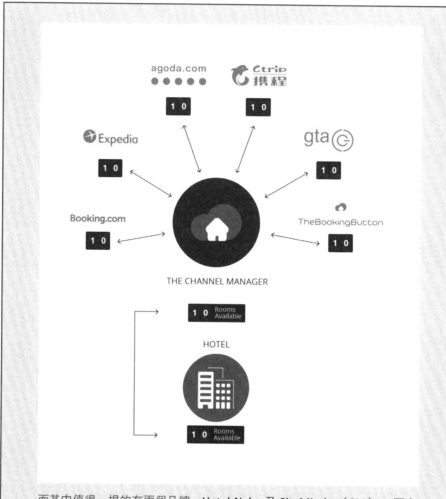

而其中值得一提的有兩個品牌，Hotel Nabe 及 SiteMinder（SM），下方是簡單的介紹及 Q&A。

Hotel nabe 是 Channel Manager 台灣先驅，2014 年旭海科技打造的唯一中文分銷管理系統，提供的可串接 OTA 除了台灣業者常用的那幾家 OTA 之外，還與大陸及台灣的 OTA 合作，甚至可以直接串聯台灣本土的 PMS，價格管理、庫存管理、訂單管理一次到位。

其特點如下：

    ✓ 按房間數量計費，月繳費用

    ✓ 可串接的數量率續增加，含括 SM 沒有的台灣當地 OTA

    ✓ 純中文化介面、獨家中文客服

    ✓ 詳細報表可分析出各家 OTA 表現

Q&A

Q1. 可以簡短介紹一下 Hotel Nabe 嗎？

旭海科技開發的 HotelNabe Channel Manager 於 2014 年上線。是華人地區第一套自主開發的純 Channel Manager 系統。與國外相同系統比較起來，除了全中文化的介面外，由於開發公司長期經營國內飯店訂房系統的經驗，在系統操作流程上更加符合國內中小型飯店訂房人員的使用習慣，所設計的介面也較為簡單簡潔。

Q2. 既然 Nabe 是台灣自主開發，那他可以串接台灣 PMS 嗎？

可以。可串接的國內 PMS 系統最多（金旭、靈知、森福德（民宿管家）、冠全、國泰、艾瑞克…等）。

Q3. 可串接的 OTA 除了 agoda、Expedia、eLong、Hotels.com、ezhotel、ezfly、淘寶網…等，是否還有其他選擇？

可連接旭海科技線上訂房系統的服務，並串接非傳統網路銷售的渠道。（7-11 ibon、全家便利商店 Famiport、Payeasy 及國內 650 家旅行社網站）

ANS By Lu

Siteminder（SM）來自澳洲，創立於 2006 年，目前有將近 16,000 家業者正在使用 SM 且遍及 160 個國家，目前在台灣的使用者也漸漸攀升，它吸引人的特點如下：

✓ 按房間數量計費，月繳費用（Pay as you go）
✓ 可串接的單體數量高達 250 家（ABCDE 可以、Tripadviser 也可以），
　 PMS 則可以到達 120 家
✓ 傳輸速度飛速（據悉等級同 ORACLE）
✓ 詳細報表可分析出各家 OTA 表現

Q&A:

Q1. 現在使用 Channel Manager 的旅宿越來越多，在成本上來說，微型旅宿是否適合？預算是否會太高？

當然適合。SiteMinder 了解微型旅宿的成本考量，特別在價格分區上是以房間數來做區分，讓少間數的微型旅宿也能享用大飯店的規格。

SiteMinder 相較其他的 Channel Manager 有著更卓越的穩定性，並與更多通路有認證的雙端（2-way）串聯，更是在個資上做了 PCI DSS 的認證，替飯店避免個資風險。另外 SiteMinder 的 server 連結是由 Amazon Server 來做服務，以確保更穩定、快速的資料連結。

Q2. 若是微型旅宿有使用 PMS，大多都是台灣中小型的 PMS，SiteMinder 可以再和 PMS 做串聯嗎？

SiteMinder 不斷地積極開發國內外的 PMS 做串聯，協助飯店省去人力 Key 單的時間。國內的知名大宗 PMS 品牌以外，我們也在跟小型旅宿 PMS

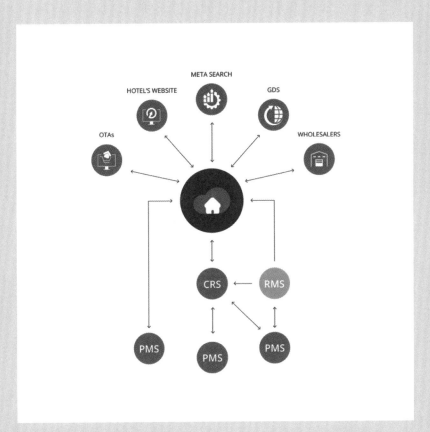

配合，以便提供飯店更多選擇。

　　飯店可以看 SiteMinder 網站與我們目前已有串聯的夥伴，將來有更多新的夥伴我們也會在此做更新，SiteMinder 也有提供前台作業系統 Little Hotelier，主要為微型旅宿提供一個簡單好上手 + 隨時掌控的 APP 功能，讓大家可以隨時掌控飯店房況。

ANS by Kay Shen

Q3 相信 SiteMinder 掌握有很多的數據，大家都很想知道。透過 SiteMinder 進單數量來看，尤其台灣，有沒有 TOP10 OTA 名單？或是排除 ABCDE 之外，你們有推薦旅宿業者可以使用的 OTA ？

除了大家耳熟能詳的 ABCDE 以外，現在也不斷地有新進優質通路。例如：HotelsCombined、HRS、Hotelbeds、GTA 等等，而我們也在積極地與香港的大宗旅行社做串聯。

Q4. 常聽到有人在說 TWO WAY 和 ONE WAY，可以幫忙解釋一下兩者的同異處嗎？有優缺點嗎？

One-Way 就是 SiteMinder 替你把房間數量通報給你的通路。

Two-Way 就是當通路幫你把房間賣掉之後，它會再通報給 SiteMinder 自動扣除賣掉的房間數。

而 Two-Way 才有能夠真正做到有效率的通路管理，各平台要能夠同時知道訂房狀態，才能在全力賣房之餘，避免爆房風險。

知己知彼，百戰百勝：利用 OTA 看這裡！

Bob 接下來再來分析一下 OTA 對於微型旅宿的優缺點：

先來說說優點吧！首先，軟體的部分，在早期免費 PMS 還沒誕生前，我總會建議各位業者能夠利用 OTA 的後台系統來當作自家的 PMS，假定今天我們把藝龍網 ebooking 當作自己的後台，業者只需要把所有的房間數量推送藝龍網，以它為主要工具，有老客人向你預定 12/31 的雙人房一間，此時業者只要直接打開藝龍網的後台（有 APP 版本）於 12/31 扣除一間房量即可，這就是最簡便版本的 PMS，這是 OTA 可以支援我們軟體不足的地方。

然而，OTA 也有不足之處，曾經有位墾丁的民宿老闆分享給業者如何避免掉「來開趴」的客人，例如從客人的音調、禮貌性、來電時間、電話背景音以及關鍵問題：管家是否會同住在民宿內等等，但很可惜，透過 OTA 訂房的客人無法過濾，甚至無法限定國籍，必須全盤接受，少了前線的篩選，後頭發生問題的風險當然也會增加，但身為一家旅宿的業者，克服這些客訴或相關問題都是必備技能，就當作是「壓力特訓」吧！

談到好佣金

Bob 以 OTA 的身分來跟旅宿業者簽約時，有 85% 以上的業者把佣金視為最重要的合作事項，尤其對於微型旅宿的老闆們，本身的平均房價（ADR：Average daily rate）已經不高，再加上動輒 25%~10% 的佣金（房間數 70 間以下的抽成通常在 10%~18%），乍聽之下的確會讓人卻步，但是在不願意配合 OTA 前，請先問自身幾個問題：

1. 有專業的 PR 能夠做到有效曝光。

2. 有辦法透過自己的行銷模式讓住房率達到 9 成以上。

3. 有能力透過自己浮動房價（Floating rate）模式，產能（Production yields）提高。

4. 所有的付款模式你都可以接受？ PayPal、支付寶、中國匯款、銀聯卡、AE卡、藍卡。

當然，若是以上的問題你都能夠做到，再精算一下，1~4 點要耗掉多少成本？成本是否高於房價的 15%？

而雖然做不到以上四點，但就是心態上放不開，不想讓 OTA 賺這佣金，該怎麼辦？那我會建議，換個角度想想，假定佣金 15%，OTA 幫你賣出去一間房，是幫你賺了 85% 的房費，因為就客房本身就是不易儲存性（利潤管理），過了子夜 12 點就是損失，科技與時俱進是線上行銷的時代，我們不能漏掉任何一個接單機會，能有越多管道幫你賣房，損失就越少。

▎定個自己和顧客都能歡喜接受的好價格

長遠經營除了感性面的「態度與心態」，理性面則是要活用「收益管理」。收益管理指的是利用不同時段的價格差異化和折扣分配實現收益最大化的管理模式。

舉一個最簡單的例子：飛機上同艙等的兩個座位，這兩位旅客卻付了不同的價格，這就是航空公司的收益管理策略。

而旅宿業更是適合收益管理：在適當的時機，以適當的價格，透過適當的銷售管道（例如 OTA），把適當的產品和服務，提供給適當的客人（可能是不同國籍）的過程。

銷售管道它只是一個工具、一個跳板，重點是要為客人和旅宿創造價值，為消費者和銷售者在這個管道上形成良性互動，最關鍵的是要有人活用收益管理策略，結合管道的特性來發展行銷。懂得收益管理的經理，就懂得什麼時候該拉高價格，什麼時候是該砍低價格，或是操作早鳥特價，提前關房、排除優惠等等。

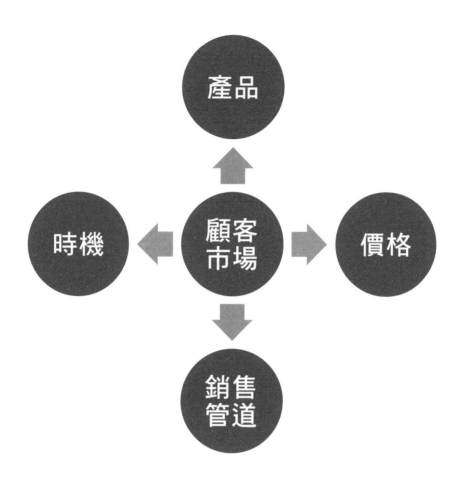

「價格要怎麼訂定？」這應該是可以列為 Bob 收到問題 TOP3 吧！下面表格即是我經過多年經驗累積得快速訂價心法。

	說明	標價定位	價格
1	業者實際收入／房，無論如何不能低於它	官網淨價	$1,000
2	只給自己官網賣	官網賣價	$1,000÷0.7=$1,429
3	只給 OTA 的賣價（平日）	OTA 賣價	$1,429÷0.8=$1,786
	只給 OTA 的賣價（假日）		$1,786÷0.8=$2,233
4	OTA 做折扣（平日）	OTA 折扣 5 折賣價	$1,786÷0.8÷0.7*0.5=$1,594
	OTA 做折扣（假日）		$2,233÷0.8÷0.7*0.5=$1,994
5	機＋酒模式／此為底價	B2B 價格	$1,000÷0.7÷0.8*0.95=$1,697*（1-佣金比例）
6	跨年或超高需求日 (無特定標準)		$2,233÷0.7=$3,190

1	官網淨價	官網賣價平日	官網賣價假日	OTA 平日	OTA 假日	OTA 折扣 5 折賣價	佣金	B2B 價格	跨年或超高需求日
2	$1,000	$1,429	$1,786	$1,786	$2,233	$1,594	$1,993	20%	$1,357	$3,189
3	各式淨價	$1,143	$1,429	$1,429	$1,786	$1,276	$1,594	NIL	$1,086	$2,551

另外也準備了一個線上試算表，只要輸入淨價和佣金，其餘可以幫忙計算。

想要該試算表的讀者，請連結到 http:/bit.ly/ROOMRATE。

當然，這是一個方向，也得按照需求法則來微調，但從「包式訂價法」不難發現有幾個原則：

1. 老闆們必須先考量成本，知道自己至少要回收多少錢。

2. 官網比 OTA 便宜，也就是所謂的價格區隔。

3. 注意到了嗎？ OTA 都是一樣的價格。這也是各家 OTA 一直堅持的均價／均

量概念，而且 OTA 的抽傭不論是 10% 或 20%（微旅宿不會到 25%），都可以合作，因為都能符合你的成本。假設你初期想要增取曝光，若 OTA 有調高佣金賺名次的功能，你也可以嘗試調到 20%，不用擔心。

4.OTA 折扣則可依你的專案折數去調整，置頂五折！

5. 最後的 B2B（企業對企業）部分，一定得和你的 OTA 專案人員確定，該價格僅限於一些業界內部的合作，不得放於 B2C（面向顧客端）看得到的任何平台。

價格之外，關注顧客市場更是另一重大課題，除了前面提到的「需求預測」，並且要根據顧客來源來適時供給「特定產品」。

簡單說，我們可以按照各國來台的「高需求日期」來調高價格（供需原則），例如：大陸黃金週（指的是春節和國慶兩個節日中每個節日的連續七天休假）、日本黃金週期間（4 月底至 5 月初）針對個別的市場行銷則可以適度調高單價及增加取消門檻難度。這些特定顧客市場必須特別拉出來規畫。按照浮動房價（Floating rate）的操作，增加收入，實現收益管理的原則。

而關於產品部分，包含服務、房間及附帶專案，可以「因地制宜」，日本客人多數喜歡浴缸或雙床房型，我們可以依此需求來供給。商務客人搭配免費隨身 4G ROUTER、外地客人提供接送機服務等，都讓自己的微旅宿更加多元化。而當然管家的語言能力也會是培養客群很重要的因素之一喔！

當然若這些收益管理你不上手，詢問你合作的 OTA 窗口，他們手上都有豐富的相關資料，而且通常這些管道的窗口都會主動告知這些市場資訊。

Bob 小提點：

上傳內容是否正確？這其實被很多業者忽略，其內容包含：地理位置、熱門區域（POI）、交通位置、照片、簡述、設施設備與取消規定…等等。往

往一些以代銷模式銷售你房間的 OTA 會發生一些技術性的「障礙」把地理位置標錯，建議一家家進去查看，免得引發糾紛，另外 POI 和交通位置也可以和 OTA 溝通以你的需求來客製化，例如：Bob 在八里渡船頭旁邊開了一家 Hostel，Bob 會去和 OTA 溝通把 POI 設定在淡水老街、淡水渡船頭，原因是淡水的搜尋數遠遠超過八里，而 Bob 的 Hostel 卻剛好就在這分界處，吃一點淡水的豆腐（笑），至於簡述也可以透過業者的需求去修正而不是只有罐頭介紹。

最後：照片很重要！照片很重要！照片很重要！重要的事說三次！

照片像素要高，角度要客觀，取景要專業，而設施設備的登錄要再重複檢查，沒有 SPA，OTA 上卻出現 SPA？ 這還真的常常發生，建置人員的手誤會造成這樣的錯誤，建議業者要一一檢查並去補充，取消規則也是同樣道理。要確定和我們合約裡的條件相符，抑或是和當地法規沒有衝突。

▎運用 OTA 達到有效的曝光

講到曝光一般人可能就會想說：那我來買個廣告吧！通常微旅宿的自費廣告是透過本土平台所購買的廣告橫幅（banner），或是 FB 粉絲頁的廣告，其實效益與全面性都有限，但若你想要在國外 OTA 上面買廣告！那更是天方夜譚了！咱們舉例 eLong 的首頁廣告。首頁輪播大圖（600*230），輪播中的第一張圖一天要價 RMB35,000，第二到第六張圖片則各為 RMB30,000/1 天，不能外連，不能配送，連續放置不可超過七天。這樣的價位，別說是微旅宿了，連高星級飯店的預算都不見得能夠負擔。一家獨立旅館或是微型旅宿要做到這樣的廣告支出比登天還難，但不要因為買不起廣告就心灰意冷，其實我們透過 OTA 仍然有許多機會做到有效益的曝光：包含定期折扣優惠、B2B 模式及提高佣金的方式，接下來要仔細看囉！

eLong 首頁廣告一天要價 RMB35,000

增加行銷曝光及增強黏著度

黏著度的定義為「企業能夠留住顧客並且讓顧客再一次拜訪及瀏覽網站的能力」，這包含了在站內停留的長度、增加拜訪者頻率及忠誠度。而曝光的定義很多種，我們就以行銷露出為核心發展，分成下列幾種方式：

• 雞蛋分籃放（Don't put all your eggs in one basket.）

這句話似乎也是李嘉誠的致富學之一「雞蛋分籃法」。拿 Priceline 和 Expedia 為例，這兩家是不同的大籃子，Bob 就不建議把所有的房量都只放一個大籃子，更不要期待大部分的收成都來自同一個籃子，這將會是警訊，建議要平均分攤。

而在 2014 年 Priceline 宣布與 Ctrip 擴大合作，Priceline 將負責推廣 Ctrip 在美國的服務，目前 Ctrip 在大中華區的超過 10 萬家酒店資源也將對 Priceline 的客戶開放。這則消息簡單的說就是 Agoda，Booking 是兄弟而 Ctrip 變成了他們的表弟，他們變成一個大籃子！ 假若你現在只跟雙 E 合作，建議趕緊發信給 ABC 的 JOIN ME 信箱，先做好分籃的布局。

只有這兩個籃子夠嗎？當然不夠！ 只要分銷工具串接上了 OTA，建議多找幾個籃子來投放，佣金的噩夢既然已經克服，就 Let it go 吧！

該有的籃子都分配好了，再來就是行銷露出，OTA 可以透過 EDMs、廣告促銷、名次排名這三點著手！

✓ OTA 的 EDMs/ 免費曝光 / 廣告促銷妙招運用

要如何透過 OTA 賺到免費廣告？把握幾點要項即可！

1. 參加每週的 EDMs 活動！盡可能配合所有 OTA 的各項專案（但要注意成本控制）。

每週都會收到各家 OTA 的 EDM，而這些就是透過 EDM 模式發送。

2.設定專案時，必須設定「吸睛」的折扣優惠，同樣地，每週發送。部分 OTA 只要你的優惠到達某個門檻，它們就會自動把你列入 special EDMs。

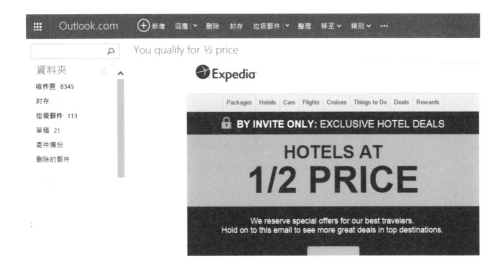

Bob 小提點：

若是成本考量，無法下殺折扣到 5 折，該怎麼辦？

例如：

賣價 4,000，佣金 15%，實收淨價是 3,400 （4,000*0.85）

一般折扣置頂只能做到 85 折

意味著實收至少必須是 2,890 元（4,000*0.85*0.85）

我們把你願意接受的最底價當成固定 NET，倒算回去設定成定價！

2,890÷0.5÷0.85=6,800 ，那麼請到房價管理的欄位把預作促銷的時段價格都改成 6,800，去設定專案處將折扣設為 50%OFF。但切記！若要玩這小技法，記得所有 OTA 都推送，免得會有接不完的價差修正電話喔！

3. 免費曝光可以透過 OTA 舉辦的季節性優惠頁面來參加！

有些 OTA 是邀約制的，邀約的業者資格不一定，基本是要符合它們目標需求的物件。除了有提前預告優惠活動供人參考，其餘的我們可以主動出擊。發信給你所屬窗口：「我這裡有打算做一波 7 折連泊專案，但我只想跟著你們的優惠頁面來做耶，若有此類訊息 請知會我喔！」每一家都發信！ 我相信 OTA 也很樂意看到你這樣的需求，因為會主動提供優惠的業者還真不多見呀！像下方這樣的廣告，OTA 通常會投下不少資源，尤其越接近年終，投入資源更豐富，以大陸的 OTA 來看：微信、微博、百度、騰訊這些都會有大量投入，建議要好好把握。切記開房不要太拘謹，放在上頭就是為了吸引客人訂房，若給了折扣卻關了房，就毫無意義了！

掌握 OTA 季節性的優惠。

4. 部落客邀約也是一種免費曝光！

有在專注台灣市場的 OTA 基本上會透過部落客的模式來促進台灣國人訂房的興趣，往往會找一些優質的部落客來涉入行銷，旅宿端可能只需要提供 SHOW ROOM 或是一晚的免費房，其餘的會由部落客來拍照以及發布住後的心得感想，優質的部落客在發布文章後通常都能吸引大批的圍觀群眾。以「樂活的大方」這樣的知名部落客為例，今日人氣是：143,027，而累積人氣是 2 億 5 千萬，光是單日的瀏覽人次就有 14 萬人次，影響力當然也是相當驚人。

像這類的曝光成本其實並不高，幾乎可以算是免費了，我們以住一晚的成本去折算換回的效益，其實十分值得，因為行銷上的曝光並不只是實質的客房收入，還有無形的口碑及印象行銷，這些都是無法用金額去計算或是反算回饋的。

而需要注意的是，優質的部落客基本上會避免「業配文」的疑慮，據實以報、真實回饋，在接受 OTA 給予的這個任務前，也都先做好可行性的評估，不會貿然接案，所以業者在向 OTA 提出這樣曝光需求的同時，也請確認自己提供的住宿環境是有特色、符合大眾觀感的物件，免得得不償失。

5. 最後這點其實不是要教你怎麼免費曝光，而是要糾正一個觀念：常常我們會在一些頁面看到 OTA 的廣告橫幅，可能是你競爭對手的，不管去到哪，他都在！請息怒，不是因為他買廣告，「而是你幫他促成了這個免費廣告」。

怎麼說？我先問問，你是不是剛剛或前陣子一直在該 OTA 刺探你對手的軍情？上了這個 OTA 搜了這家旅宿？我怎麼會知道？這是因為你的搜尋被儲存在記憶體中，例如你可能經常關注 ctrip 網站，cookie（你的小型文件檔案）裡紀錄的就是 ctrip 的資料，所以廣告也顯示 ctrip 的內容了，所以，先清除一下 cookie，並多搜尋自己家的房間！這樣心情可能會好一些喔！

●提高佣金

為何佣金調整和行銷又扯到了關係？這是因為大部分 OTA 的頁面排名（Ranking）都是涉及了三個關鍵因素：

1. 佣金高低（comm%）
2. 瀏覽量（UV）
3. 訂單量
這三點的總和分數排名，基本上就是排名的組成基因。

看一下這三點，業主真正能夠主動掌握的只有第一點，佣金。因此調整佣金比例也是行銷方法之一，但這需要謹慎思考，需要你的成本上能夠負擔或是急切的想要提高曝光率。這樣重點性的使佣金提高，是 OK 的，但時間點必須抓準。TIMING 要放在高需求時把佣金拉高，因為需求少（大部分已被掃購一空），原本可能有 10 個頁面，連假時可能只剩到 5 個頁面，趁這時再把佣金拉高、順序往前、提高點閱率的機會，這是一個把順序往前拉的契機。

另一個拉高排名的方法，其實有點偷雞摸狗，但是！「商場如戰場，兵不厭詐」孫子兵法說過：「攻擊就是最大的防衛。」

「改價，不關房！ 不要讓 RANKING 掉下去」

例如：

12 月 31 日一晚 TWD5,000，早在年中都賣完了，OTA 該怎麼處理？這時我說：「開房！」是的，客氣一點就好了，價格設定成 TWD50,000（曾經有人開到 16 萬）。

因為 12 月 31 日是高需求日，越接近年終搜尋率越高，我們必須保持高曝光率，不得不使一些手段！但若不幸，客人真的以一晚五萬訂進來了，怎麼辦？轉房到同業高端酒店，我相信扣除轉房費用，你還是賺了不少呀…。

- **廣告促銷，廣告當動詞，促銷是名詞**

先幫大家解惑一下，促銷到底有那些類型？到底該怎麼針對不足來設定促銷？常用 online 促銷細分以下類型：

- 甩賣尾房
- 深夜專案
- 入住一晚，打 X 折
- 連住 X 晚，打 X 折
- 入住 X 晚以上，第 X 晚打 X 折
- 入住，享升等一級
- 入住，再送 XXX（券、餐、物）
- 入住前 X 天訂房，打 X 折
- 當日訂房且入住，打 X 折
- 連訂 X 房，打 X 折
- 平日入住，打 X 折
- 國人 / 外國人優惠
- 環保專案
- O.O.O. 房專案

這些是 OTA 基本上可以支援的專案類型，當然優惠的程度還包含了取消規則及付款先後時序，這些都是做規畫時要考量進去的。

而促銷被買帳與否，端看客人的需求、區域性及客群屬性有很大的關係，例如在休閒的區域，連泊專案、送晚餐都很符合消費者需求。就陸客的部分，早鳥專案和最後一分鐘專案也非常熱門，最近也有一些台北業者提供入住送接機、悠遊卡，這樣的促銷不見得是實質的金額折扣，而是物質回饋！分析看來，這樣的專案被買入的比例也越來越高。

●整合分析找出最適合自己的促銷

有了適合的促銷才能吸睛，建議配合 OTA 提供的 Lead Time（前置期）、國籍別、平均入住天數及住房率來研究適宜的專案，每個類別和區域都會影響專案的有效性。

但如果沒有任何頭緒，Bob 建議至少做到三種專案類型：<u>早鳥專案、最後一分鐘專案及連泊專案</u>，若本身會操作浮動房價（Floating rate），千萬不要直接修改賣價，而是要使用專案的方式來顯示價格，OTA 上頭的價格顯示會特別標示為優惠專案，而這麼做也是增加曝光的效益。

另外 Bob 想要特別提一下「O.O.O 房專案」，這是 Bob 遇過的實際案例，我曾經試住過一家旅宿，老闆愁眉慘霧的站在櫃台說道：「門邊這四間房都不能賣，因為緊鄰 PUB，若有客人住進去，總是抱怨喊換房，四間房已經空大半個月了！」當時 Bob 給他一個意見，原價四千元我們賣 1,500 元拿到 OTA 賣，專案名稱為「O.O.O 房專案」，專案內表明實際原因，殊不知沒有多久的時間，房間全賣出去了！另一個例子是有一家業者的冷氣管線問題，造成角落房間的空調打開便會飄出異味，無法販賣，Bob 一樣建議以「O.O.O 房專案」促銷，一晚 999 元，專案內容提到：冷氣故障，竟然當天就賣出去了！ OTA 的促銷方法五花八門，反向思考偶爾也能幫你帶來意外的收穫，是吧？

Bob 小提點：

上面介紹的曝光主要是以 OTA 方向，而官網要在網路做到強烈曝光其實耗費的心力成本需要更大，尤其針對微旅宿會更加辛苦。

大家熟悉的搜尋引擎最佳化（SEO：Search Engine Optimization），關鍵字廣告（PPC：Pay Per Click）這些 Bob 就暫不多談，但有幾個建議想和

大家分享：

1. 旅宿成立初期設定「店名」時要多點小技巧，若可以選擇，建議盡量不要太普及化，客人在 Google 關鍵字時才不至於太困難。

舉例「好望角名宿」：光前面六個連結就存在四家不同地點卻相同名字的民宿。

Google ｜ 好望角民宿   🔍

網頁　地圖　圖片　新聞　影片　更多▾　搜尋工具

約有 194,000 項結果 (搜尋時間：0.31 秒)

相關搜尋：　墾丁好望角民宿　宜蘭好望角民宿

宜蘭太平山民宿好望角民宿
www.hwjhouse.com.tw/ ▾
宜蘭大同鄉民宿,宜蘭民宿,宜蘭縣民宿,宜蘭合法民宿,宜蘭旅遊,冬山河親水公園,礁溪溫泉,太平山民宿,國民旅遊,飯店住宿,宜蘭賞鯨旅遊

宜蘭太平山民宿好望角民宿
www.hwjhouse.com.tw/about.htm ▾
好望角宜蘭民宿宜蘭縣‧大同鄉松羅村玉蘭46號. 電話：03-9801278‧
傳真：03-9801287. E-mail：ilanhomestay@yahoo.com.tw. Dear
tourists. Whoever you are.

墾丁民宿- 好望角南灣渡假村
www.southbeach.com.tw/index-c.htm ▾
墾丁民宿-好望角渡假村,位於墾丁南灣,提供墾丁住宿,墾丁訂房.
住宿須知 - 墾丁住宿介紹 - 墾丁優惠專案 - 好望角南灣民宿簡介

（宜蘭大同鄉民宿）好望角民宿靠近太平山@ 走吧！讓我們旅...
jay7134.pixnet.net/.../128019205-（宜蘭大同鄉民宿）好望角民宿-靠 ▾
趁過年前抓個時間出遊太平山,入住螢多人推薦,太平山腳下的好望角民宿~ 下午抵達的時候飄著小雨,民宿被霧氣籠罩,還蠻美的~查詢房價
>> 大石碑旁就是 ...

花蓮[好望角]民宿@ 野蠻王妃愛漂亮:: 痞客邦PIXNET ::
cline1413.pixnet.net/blog/post/221457335-花蓮%5B好望角%5D民宿 ▾
結束遠雄悅來飯店的行程我們來到今日要入住的民宿~好望角山海景民宿
好望角民宿位在遠來飯店的上方 沿著小路一直繞上去就可見到矗立在山巔的一棟歐式建築

苗栗通霄好望角民宿【官方網站】~苗栗民宿~
www.5657.com.tw/hwj/ ▾
苗栗民宿,通霄好望角民宿,苗栗民宿推薦,苗栗民宿包棟,苗栗通霄好望角民

另一個例子，名字非常特殊的「龍蝦先生」，則非常的容易尋獲！

Bob 自己的例子： 因為微型旅宿並未被泛用，也是置頂，是純粹自然流，沒有任何行銷費用支出喔。

2. 建置官網時，盡可能的使用專屬的網域名稱（Domain name），有助於形象和記憶的加分。但如果已經建置網站，還是有補救辦法：到 PCHOME 購買網址後，再買轉址服務即可，價格很親民別擔心！（免費設置官網請看 P231）有了網址後，建議可以後面透過 QR CODE 生產器製造自己的官網 QR CODE 並貼在名片上，配合退房時抓住回頭客的話術也協助官網曝光。

.tw 網址費用（免費 DNS 代管與轉址，含有 A 記錄 + MX + CNAME + AAAA + TXT + SRV + 轉址，共 15 組）

新註冊網址»　　續購網址»　　立即轉入»

網址類型	新註冊 / 續購費用				
	一年	二年	三年	五年	十年
.com.tw					
.net.tw					
.org.tw	新申請 $800	新申請 $1520	新申請 $2160	新申請 $3400	新申請 $6400
.game.tw	續用費 $720	續用費 $1440	續用費 $1944	續用費 $3060	續用費 $5760
泛用型中文.tw	轉入費 $632	轉入費 $1264	轉入費 $1706	轉入費 $2686	轉入費 $5056
泛用型中文.台灣					
泛用型英文.tw					
.idv.tw	新申請 $400	新申請 $760	新申請 $1080	新申請 $1700	新申請 $3200
	續用費 $360	續用費 $720	續用費 $972	續用費 $1530	續用費 $2880
	轉入費 $316	轉入費 $632	轉入費 $853	轉入費 $1343	轉入費 $2528

OTA 架上的資訊、促銷、留言及照片都會增加黏著度，但是官網的黏著度被影響的因素更是多樣，包含：

✓ 網站相容性（平板、瀏覽器的支援度），不建議再用 FLASH。

現在將近 40% 的用戶選擇住宿地點會以平板或手機來做搜尋，建議必須要能夠相容各式 SIZE，另外 FLASH 在 iOS 上並不支援，10 年前我最愛的 FLASH 也必須要勸大家放棄啦。

✓ 網站 UI 是否宜人

現在有很多本土民宿網站製作的模板網站，除了首頁（INDEX）的 FLASH 之外，整個介面使用／視覺上不是很討喜，有種不靠譜的感覺，現在互聯網的世代，關鍵時刻（The moment of truth）往往就是發生在進入官網的那一剎那，必須戒慎恐懼的選擇網站製作公司。

✓ 網站豐富度（照片、資訊分享、交通資訊…）

照片建議要豐富，檔案不要過大拖延裝載（LOADING）時間，並盡量提供旅遊資訊的分享（除了官方以外更要有私房景點），交通資訊除了 ifram Google 地圖之外，偏遠的 Properties 必須要比照攻略的詳細度來提供給旅客，另外也可以玩玩最近流行 Google360（如下圖），而聯絡資訊也必須多元，SKYPE、EMAIL、WECHAT、QQ、電話等，讓客人更容易找到你。

3. 導入點評及白牌網站

早前提到的，旅客對於點評非常在意，而這點也是黏著旅客的方式之一。

將 Trip Advisor 導入官網或粉絲頁面，讓客人可以直接在官網上接軌大數據，另外 OTA 的附加功能白牌網站也可以置入到 FB 的粉絲頁面內或官網內。

▋最重要的帳款支付問題

而上面提到的在線上成交則可以細分出兩種模式：有些 OTA 做的是預付（在線上訂房時就立馬刷卡付款）；有些則是現付（先預訂留卡號，到現場再付款），所以若消費者是以預付模式進行消費，那麼到現場就無需額外支付房費囉， 相反地，若是以現付方式進行，則是到現場再和櫃台結清即可。

以上是消費者端的金流，我們再來談談業者端的金流。

若是旅宿業者參與的 OTA 平台屬於預付模式，那麼等於 OTA 在線上刷了客人

信用卡後，佣金的部分會直接被扣除，將業主「實收」的金額以匯款或是 VCC （virtual credit card / 虛擬卡號）的方式把費用繳到業主手上。

一般使用 OTA 的流程是旅宿和 OTA 簽約之後，透過後台上傳相關資訊，於網路上開賣且成交，消費者憑此預訂單（呈現方式多為 EMAIL 或是 iOS 中 Wallet 的票卡（註 20），到旅宿櫃台辦理住房手續，入住完畢之後再回填評論於該 OTA 中，供下一位消費者參考。

Bob 小提點：

1. 這裡又有一個比較重要的癥結點「VCC」，若是你的旅宿沒有刷卡機，當然只好選擇匯款，但若是有刷卡機，還是得向當時申請的銀行確認一下，是否可以離線刷卡（無卡交易）或者是否可以預先授權（過卡），有一些微型旅宿的業者可能當初申請時資格或是其他考量而沒有開通此功能，若

是如此，VCC 則無法發揮功能喔！

2. 假若是旅宿業者參與的 OTA 平台屬於現付模式，收到訂單後會顯示消費者的信用卡資訊，此時也得確認刷卡機是否有無預先授權功能喔， 多一層保障，雖然客人到現場時也可以用現金支付，但若能先做過卡，可以先確定該卡是否有狀況，提早請 OTA 通知客人換卡。

▍與 OTA 簽約

OTA 的合約從一頁到六頁都有，但每個字句都必須仔細研讀！不懂的部分要請 OTA 窗口釋疑，尤其有關錢及保留房這事！以下舉例說明：

預留房：本協議生效期間內（如下詳述），旅店每天應向○○網站提供【 】間預留房，且同時可以為客人提供額外房間的預訂服務；除預留房和額外房間以外，旅店應當允許○○網站的客人預訂所有尚未被預訂的空房。

說明：像這樣的預留房即所謂的保證房，千萬不要在上面亂填數字啊！不是因為一個特別佣金而要提供保留房，建議提供「自動補房」或是「超售」功能來頂替。

價格：向○○網站的客人提供的每間預留房或額外房間的價格，不應高於旅店向其他任何分銷商或在旅店前台直接預訂的顧客提供同樣房型（包括所有適用的促銷、服務或折扣，例如早餐、網路等）的價格。

說明：這就是通常 OTA 所謂的均價概念（Parity），這個 Bob 是一定贊成的！大家公平競爭，不要偏心。但是後面有一句「或在旅店前台直接預訂的顧客提供同樣房型的價格」，我則認為這點微型旅宿老闆要爭取把這行劃掉，這樣我們才可以活用官網來作布局。但在事前要跟 OTA 談妥遊戲規則，這樣大家合作起來才舒暢些啊！

期限：本協議有效期為【一年】，從【　】年【　】月【　】日起生效；除非協定的任何一方在協議失效 30 日之前書面提出不再續約，否則協議自動續約一年，以此類推。

說明：基本上 OTA 的合約都是一年期效，給價格後就是自動續約。但說實在，控房權限在你手上，你可以在 30 日提出解約，簽的日子都關房，但既然都已經合作了一家 OTA，若是合作上不耗費人力和物質成本，基本上可以掛著囉，平時多一個免費平台曝光，何樂而不為。至於解約要怎麼做？要雙證件去到總公司辦理嗎？NO！直接打通電話，發封 EMAIL 即可。OTA 就是快速！

預付預訂基本佣金：旅店應當為每位○○網站客人在酒店住宿的每間支付最低【15%】的佣金（預付基本佣金）。對於預付類預訂，「可得收入」應為○○網站通過預付預訂向客人實際收取的金額（減去由於取消預訂而退還的金額）以及○○網站客人由於續住而支付的額外房費。

說明：佣金的部分要看清楚！有些 OTA 會有前半年一種佣金價格，半年後另一種價格的狀況，另外也有些 OTA 佣金規則會有假日與平日之分，甚至是有專案和無專案之分，建議必須打破沙鍋問清楚！

○○網站客人無法辦理入住：如果經初步確認後旅店無法為客人辦理入住，應當馬上告知○○網站，並且：免費為受影響的客人升級房間或者為客人安排同等服務條件的其他旅店入住。當旅店無法為客人升級房間，但為客人安排了同等條件的其他旅店入住時，旅店應當承擔所有交通費用和客人入住其他旅店首晚費用，並向客人賠禮道歉（包括對客人詳細解釋預訂未能完成是旅店失誤所致）。另外，旅店應當承擔○○網站和○○網站客人因預訂無法完成而產生的其他費用損失。如果一年內此類無法預訂的情況發生超過三次，○○網站有權提前終止協議並不承擔違約責任。

說明：這段不短的內文到底在說些啥？簡單說就是一旦客人因為業者原因無法正常入住，業者必須負責，並協助轉房，若得賠價差，業者責無旁貸！其實這也是一個責任問題，因為控房不當引起的轉房，業者是必須擔起這責任，不能推託。

現付模式：每月第五個工作日或以前，○○網站應當依據後台中旅店的每日審核紀錄，向旅店提供上月客人入住資訊。經過雙方確認，包括旅店通知○○網站所有延遲退房的情況後，旅店應當在 30 天內依據本協議相關條款向○○網站指定的帳戶中支付佣金。旅店應當保證其自身、以及所有工作人員提供的結算資訊真實、準確、完整。在前台現付和預付兩種預訂情況下，○○網站均可以直接從向客人收取的款項中扣除旅店所欠○○網站的佣金。

預付模式（匯款）：○○網站會以後台系統的所有訂房紀錄支付淨房價於每月 3 日系統自動生成對帳單於後台系統中呈現。旅店可選擇以月結或週結方式進行付款，○○網站會電匯房費到旅店指定在台灣的銀行，○○網站會承擔匯出房費到台灣的銀行的手續費，但台灣銀行對旅店在收款時所收取的費用則由旅店承擔。

預付模式（專用支付卡）：○○網站會以○○網站專用支付卡支付後台系統中所有預訂登記的淨房費，該卡僅適用於指定的預訂及確認書上規定的金額和貨幣。該卡將在住客退房時進行繳費。若有任何修改之處，將發送一個新的○○網站專用支付卡號碼。若存在爭議或不符之處，或在合法機構進行審計時，旅店應提供住客入住的證明。若貴司未能在住客退房後十五（15）天內向我方信用卡收費，則旅店不得就相關預訂向○○網站提出任何索賠。按我方規定，住客應承擔其在房費以外可能產生的所有雜費。若有因訂單異動等因素導致溢刷款項，旅店應當在該預定之退房日兩日內將溢刷款項退回○○網站，若未能於兩日內退回，則須於七日內依據本協議相關條款向○○網站指定的帳戶中返還款項。○○網站亦可以直接向客人收取的款項中扣除旅店所欠○○網站的款項。

說明：這是所謂的結算模式，OTA 的付款模式基本上有這三種，現付模式意味著客人訂房時只是先在 OTA 上過卡，OTA 把他的卡號給你作擔保，之後客人辦理住房時旅店才向客人收費，月結退佣給 OTA。 但業者要注意匯款到國外的款項，金額太大是會被關注的！ 據悉這樣的模式也可以由業者提供信用卡卡號，讓 OTA 去刷卡進而收款！又可以幫你信用卡累計紅利，不失為一個好方法。 但若是匯款給 OTA，通常境外的匯款都會有手續費，這點要問清楚誰負擔，另外若是一個月只有一筆單？金額都不夠付手續費？建議也是跟 OTA 談一個月一個金額以下可累計至下個月度統一匯款，這樣比較節省成本與時間。

至於預付匯款模式則是相反模式，OTA 先幫業者代收全額，待確認入住後會月結把款項（扣佣後的）匯給業者。同樣的也可討論一個金額來節省彼此的時間及成本，匯款會有一個中轉行的手續費用是 TWD1,030（這通常是 OTA 吸收），手續費通常收款方還是得付一個受款銀行端的手續費用。每家不一定！詳見下表！（UPDATE on 2017/02/09 更新）

國外匯入台幣手續費		
Bank	Standard Pricing	Remarks.
花旗	TWD400	
兆豐	TWD200	依各家分行自行規定，未來會統一收費。
台銀	TWD200	
土銀	TWD100~200	視本金金額。 本金為 USD100 內收 TWD100，其餘收 TWD200
合庫	TWD200~800 按金額萬分之 5 收	
一銀	TWD200	
華銀	TWD300	
彰行	TWD200~800 按金額萬分之 5 收, 通知客戶來蓋章時收錢	
上海	TWD200~800 按金額萬分之 5 收	
富邦	TWD200~800 按金額萬分之 5 收	
台企	TWD200	
渣打	TWD200~800 按金額萬分之 5 收	
匯豐	200（DIRECT）	
聯邦	TWD200	
永豐	掛號費	如需掛號寄出，將收掛號費。
中國信託	TWD400	

匯款通常麻煩些，一來一往會耗上半個月的時間，但相對節省的成本卻很驚人！假設今天匯款四十萬！彰化銀行會要你支付 TWD200（萬分之五）手續費用，但若是刷卡（2%），手續費用則是 TWD8,000！對於微型旅宿的業者來說，我們還是麻煩一點的使用匯款比較好。

另一個專用支付卡！即所謂的虛擬卡號，每張訂單裡面會標註一組信用卡號（含有效期限及 CVV），收到訂單後基本在退房當天可以直接刷卡入帳，非常方便！這也是大多旅宿業者使用的方式。

法律適用及爭議解決：本協議適用美國的法律。任何由於本協議引發的糾紛，如不能由雙方協商解決，應提交美國加州舊金山區法院透過訴訟方式解決。

說明：訴訟問題的地點！這基本上是跟著 OTA 的總部，要更改是有難度的！建議 let it go，截至今日真正發生問題而互告的狀況目前還沒在業界發生，大家以和為貴囉！

保密義務：本協定的雙方均應遵守對協定條款和內容的保密義務，且不能在未獲得對方書面同意的前提下將本協定內容洩漏給任何協力廠商（除依據政府部門的強制明令或其他可適用法律的要求之外）。旅店應對從○○網站系統中獲取的所有資訊（包括後台帳戶，密碼以及其他資訊），以及○○網站客人資訊承擔保密義務，並且未經○○網站事先書面同意不得將如上資訊洩漏給任何協力廠商。

說明：簡單說，佣金及合約內容都不可以外洩！

新技能解惑：

OTA 的科技技術日新月異，用戶習性記憶偵測、爬蟲程式、A/B 測試…這些都是進行式。最近 Expedia 在英國倫敦也成立了一個實驗室「Usability Lab」，實驗室的作用是研究消費者在透過 Expedia 網站和應用程序研究和預訂旅遊方面的行為，而測試平台包含了 Expedia，Hotels.com and Venere，這實驗在於透過眼動跟蹤和肌電圖技術的科學方法，傳感器放置在用戶的臉頰和眉毛上，以測試面部肌肉的變化，Expedia 的最大對手 Priceline 也是即將推出一系列的酷炫功能，包含：透過原本 OTA 的 APP 可以找到附近的 ATM、免費的 WIFI、還有在你周遭 / 或預訂飯店的周邊是否有免費 / 折扣的景點區，以及時差建議等個性化功能。相對 Booking.com 在網站上也透過一些研究來了解消費者的好惡，就是所謂的 HEAT MAP（網站熱力圖），舉例下圖可以看到模糊區域是被點擊次數較多的，透過這樣的邏輯可以去做一些 A/B 測試來「設計行銷」，進而提高轉化率。

簡單來說：現在我們不用和客人面對面就能知道他在想什麼！

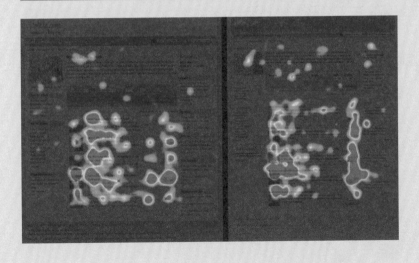

像這一類的 OTA 內部技術也慢慢地被拿出來研究，包含 SEO 的操作和 CPC，尤其 CPC 在 2005 年到 2015 年這十年已成長了 4.2 倍（Hochman Consultants）。

另外一個想要提的就是網頁再營銷（On-site remarketing）技術，這是現在線上購物平台 /OTA 上必須具備的技術之一，在台灣現在的平台基本上都不夠擅長，又或是在這些大型品牌上的網頁再營銷做得不夠積極或是太過積極，都不能幫助到轉化率。

為識別顧客購物車閒置時間或嘗試關閉購物頁面，顯示出說服完成購買的信息，比如最低價格保證促使他們完成購買。嘗試勸服消費者提供電郵（這在 ABCDE 常發生），以便自動發送購物車訂單至消費者，根據他們以往的購物習慣或您的品牌和營銷重點來自定義消息。

新的技術是若能在客人離開這個網頁時就讓客人留步，並且當下預定，這才是有效的即時網頁再營銷。現在的 MSE 和 OTA 太多選擇，若讓消費者逃過了這頁面，很難有機會再讓他回來了。新的網頁再營銷模式會是：當消費者在這個網頁閒晃了好一陣子看旅宿產品後，也發現他很用心地在參

考評論、價格、照片，但就在這時他的滑鼠慢慢的往左上角（點擊兩次可關視窗／或是上一頁）或右上角（關閉視窗）移動，一旦滑鼠游標觸及到頂端的界線，會立即觸發一個小視窗，類似下圖：它會希望你繼續逛街，更激進的狀態會立即提供 5 美金的折現，讓你現在使用，若現在關視窗你的 5 美金也會立即消失，你說說…這是不是讓人很天人交戰。

OTA 深入探索

這裡要挑出幾家 OTA 來和大家細述一下。

Priceline.com

隸屬於 Priceline 集團，它的姊妹 OTA 尚有 AGODA 和 Booking.com，這個 PCLN 家族實力雄厚，一年透過 Priceline 集團網站所預定的全球房間入住總天數更高達 4.32 億。

2014 年 8 月 Priceline 宣布 5 億美金投資攜程；接著以公開市場購買股票的方式，再對攜程的 1.35 億美元追加投資；10 月，再購入 300 萬股攜程美國存託股，持股比例增至 7.9%；一直截至目前，Priceline 可持有攜程總流通股的數量達到 15%，近幾年 PCLN 陸續併購了非 OTA 的企業，甚至在 2016 年 5 月還收購了台灣創業公司 Woomoo，幫 AGODA 開發手機應用軟件。

TripAdvisor

大家肯定狐疑了，連書中的 MSE 都出現它的身影，怎麼這會兒連 OTA 都出現了！大夥們先看一下這個短片：

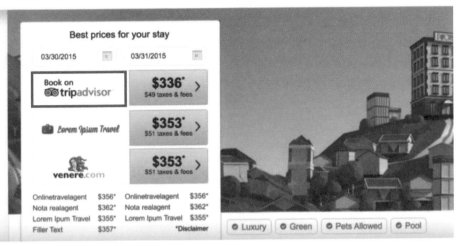

TripAdvisor 擁有巨大的流量，平均每月獨立訪客數量達到 3.5 億。主要營收來源就是旅宿業務，2015 年旅宿業務收入佔比 84%，收入方式主要是點擊付費廣告（大概佔比 60%），展示付費廣告（大概佔總收入的 10%），訂閱和其他收入在上升，大概在 30% 左右，基本上有是一個流量 =$$$ 的實例！

TripAdvisor 在這邊的 OTA 是一種變形模式，是一種 CPA 的模式，它沒有後台也沒有更改房價房量的的價格，它叫做「TripConnect 即刻預訂」，但這功能必須配合 TripConnect Partner 認證的服務公司來搭配使用。

若是大夥想要了解更多可以掃一下底下的 QR CODE 喔！

✓ 即刻預訂服務

根據 TTG Asia Media 報導：TripAdvisor 向旅宿業界推出 B2B 即刻預訂 (TripConnect) 服務，吸引數千萬名旅客直接通過網頁導航到旅宿頁面進行直接預訂，通過即刻預訂旅宿的客人完成住宿後，旅宿才支付客人預訂的佣金費用，方便旅宿管理通路成本。2015 亞洲國際旅遊交易會 (ITB Asia 2015) 上提到，即刻預訂 (TripConnect) 會與旅宿聯機服務 (互有 mapping) 提供商合作，在 TripAdvisor 上的酒店預訂按鈕中加入單家旅宿價格與空房狀況。當旅客訂房後，系統就會將預訂詳細資料直接透過聯機服務提供商傳送給旅宿，旅宿從一開始就能與顧客之間建立良好的互動關係，同時也可以自行管理所有顧客的服務相關資

訊查詢或變更，並更好從每筆預訂獲得最大的收益。

同時，即刻預訂服務也讓平臺上的酒店可直接與顧客接洽，不需透過協力廠商平臺。這種方式讓旅宿能以更好的方式，直接管理顧客住宿前、住宿期間和住宿後的關係，此外，即刻預訂服務的佣金費用通常比其他線上旅遊網站還低，旅宿可以直接使用自己的預訂引擎吸引顧客，不需透過 OTA 在 TripAdvisor 上刊登空房狀況。許多住宿業者都會利用收集評論、發表管理階層響應、更新照片等方式來管理他們的 TripAdvisor 頁面。這種互動方式可以讓旅宿更能吸引潛在顧客，而即刻預訂則能夠讓你以更快的速度將潛在顧客轉換成預訂，利用線上商譽獲得最大收益。據瞭解，目前 TripAdvisor 上已有約 23.5 萬家酒店可通過即時預訂，大約占網站上旅宿產品的 1/3，使用者不需要離開當前頁面，跳轉到旅宿官網或協力廠商網站，包括凱悅、萬豪國際等旅宿集團都加入 TripAdvisor 的即時預訂平臺。未來 TripAdvisor 可能成為類似 Expedia 和 Booking.com 等線上旅遊網站，而且更加便宜。

與 OTA 不同，假如一家旅宿沒有加入即時預訂平臺，TripAdvisor 仍會將其旅宿產品導向其他線上旅遊預訂網頁，消費者仍能繼續使用其服務預訂旅宿。雖然當前分銷商的角色尚未帶來許多利潤，但卻將進一步深化與單體旅宿業主的合作關係，不單是通過即時預訂平臺合作，還可以通過其它方式說明旅宿利用 TripAdvisor 的流量優勢。

在理解 TripAdvisor 的「類直銷＋類 OTA」功能後，這邊我要插播提一下 TripAdvisor 底下的一間「TINGO」，而它也是 EAN(Expedia Affiliate Network) 的隊員之一，TINGO 在這裡起著非常關鍵的作用。原因是大型 OTA 不會與 TripAdvisor 直接合作 TripConnect，因此 TINGO 將有機會獲得 OTA 供應的庫存。

Bob想特別提一下TINGO的介面雖然還是老舊，但它有著兩個「特色」，其一，它可以在一開始的搜尋列選擇竟然可以勾選要比價的網站（圖一），進到頁面後確定 Sort by 是「TINGO Recommends」，有趣的事要發生了！（圖二），點一下比較價錢的欄位（圖三），它竟然會跳出一個即時的頁面（圖四），裡面是搜尋了幾家 OTA 的價格在下面，讓你直接參照比價。

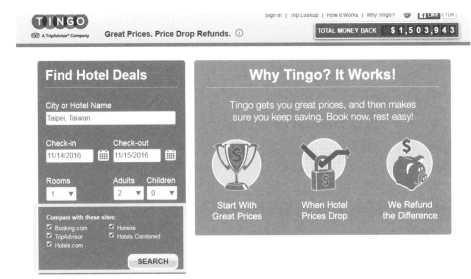

圖一

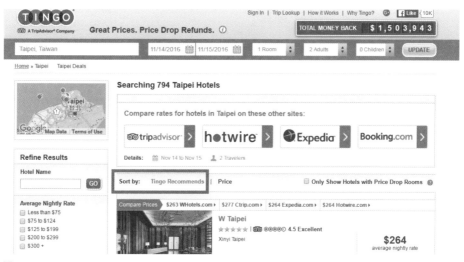

圖二

圖三

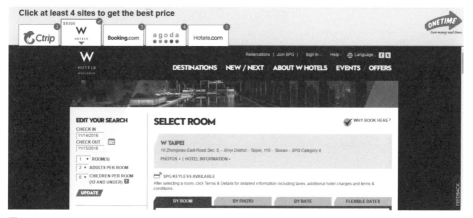

圖四

GHA(Google Hotel Ads)

　　在結尾 TripAdvisor 之前，我想要再偷偷插播一個許多人有興趣的品牌，2015 年也光明正大搶灘來做旅宿預定的 「Book on Google」，它可以在 Google Search、Google Maps and Google+ 上作預訂，但和 TripAdvisor 有些雷同、相異之處，整理如下：

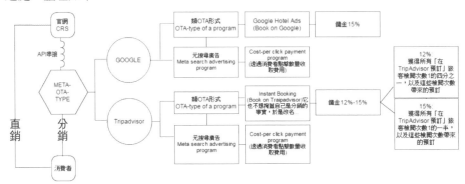

　　另外 GHA(Google Hotel Ads) 它是透過廣告方式來和 MSE、MAPS 和目的地來做為中間渠道，而要與之串接也得透過 authorized Integration Partner，邏輯則和

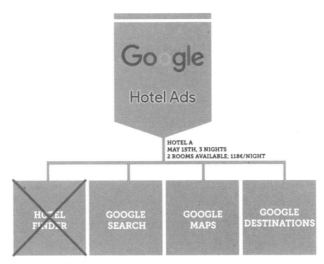

資料出處 www.mirai.com/blog/how-to-use-google-hotel-ads-to-strengthen-your-direct-sales

TripAdvisor 相同。

這兩者類 OTA 其實都不算是直銷，切記，它們跟其他分銷一樣會讓你的 ROI 減少，COS(Cost of sale) 增加，可別把它們誤會成直銷呀！尤其 GOOGLE 通常是扮演幫消費者找到你官網訂房的平台，我們可以看到前 40 大飯店連鎖的一些數據，2007 年官網和 OTA 的比例是 85:15，2012 年則到了 72:28，2015 年來到了 64:36；如今，它也來瓜分你的利潤，另外算上 15% 佣金，再加上可能 CRS 的費用或 CM 的費用，整體可能也佔到 20%~22%，我們就抓 COS 到了 20% 或 ROAS（Return-on-Ad-Spend）到了 500%，依據經驗法則，MSE 的 ROAS 差不多是 1000%，有些線上營銷管理完整的旅宿甚至可以到達 1800%~2500%，若我們拿 MSE 的 1000% 來反推，COS 是 10%，這樣一算就看出，這個假直銷的功能真是天殺的恐怖啊！更何況是利潤微薄的微型旅宿？

HotelsCombined

一樣的,它順著 TripAdvisor 的腳步也來了和旅宿直簽的功能,廢話不多,直接請來 HotelsCombined 來跟小編 QNA 一下。

Q&A

達人簡介!

台大財金出身,畢業後轉戰美國康乃爾飯店管理研究所,曾在新加坡擔任飯店不動產買賣的分析師,回國後便一直在 OTA 產業打拼至今。

謝丹琪

Q 1. 小編得知今年 HC 才開始和旅宿做到直接簽約,對於在台灣的國際 OTA 大舉入侵,HC 有甚麼不同之處?

HotelsCombined 看準的是訂房發展下一步的趨勢,希望可以透過「直接跟飯店訂房」這個功能按鈕,幫助飯店把網路上的客人導回跟飯店直接訂房。因此,也許你可以說 HotelsCombined 是比價網站 +OTA+ 官網導流的新混血品種吧。

Q 2. 若是旅宿業者想加入 HC,需要甚麼資格?怎麼合作?

沒有資格限定。飯店只要跟 HotelsCombined 連絡說希望合作,我們就會提供

後台上架的聯絡給飯店方填寫資訊，填寫完成之後串上 Channel Manager 或是人工輸入房價就可以上線開賣囉。

上線之後，HotelsCombined 這邊是採取現場付款的模式，所以所有的客人都是到飯店現場付款，飯店再月結佣金給 HotelsCombined，另外客人只要 no show 或取消我們都不會收佣（不論飯店有沒有收到取消罰款）。

Q 3.HC 最近有沒有一些 data mining 的數據可以和業者分享？例如：消費者平均訂房間頁數、Leda Time、訂房高峰 ... 等等。

Hotels Combined 超過 40% 的客人來自韓國, 其餘是香港、國旅跟中東客人。訂房流量有超過一半是來自手機平板，訂房 Leda Time 是平均在 31-45 天。

FlipKey

這是 TripAdvisor Media Group 旗下的一個品牌，它主要發力在房屋租賃市場上，目前有超過 30 萬家庭和世界各地的客房。說到這裡，大夥可能發現到 TripAdvisor 除了是全球評論冠軍網站之外，原來它還有那麼多的品牌，蒐羅統整了一下，如下:TripAdvisor、Airfarewatchdog、BookingBuddy、Cruise Critic、Family Vacation Critic、FlipKey、Holiday Lettings、Holiday Watchdog、Independent Traveler、OneTime、SeatGuru、SmarterTravel、SniqueAway、Travel Library、TravelPod、VirtualTourist 等 16 個品牌。

好瘋狂的一個集團，我的第一本書中也有提及 TripAdvisor 是從 Expedia 拆分出來上市的企業，可見得真正後台硬的是 Expedia 無誤，下一個 OTA 也是它的子公司。

HOMEAWAY

　　VRBO 和 VacationRentals.com 也是屬於 HOMEAWAY，這幾家其實會更往「共享經濟平台」去靠攏，有點和 AIRBNB 互別苗頭，而這也剛好符合許多微型旅宿的概念。HOMEAWAY 和 VRBO 是透過線上在度假出租屋業主支付來宣傳自己的空間，該網站協助客人在與業主或物業管理人員聯繫。

　　透過上述的這些品牌，我們現在更加認識 OTA 的種類了，但到底 OTA 的發展會不會持續成長呢？這答案是肯定的！除非世界上「網路」這東西消失⋯

note

4 - 2
微型旅宿線上行銷應用

旅宿行業的平均出租率低於 70%，到了淡季，例如澎湖的冬天，不少旅宿的出租率甚至會跌到 20% 左右，實在讓人心痛！但對於旅宿來說，不像蘋果的 iPhone可以把今天賣不掉的手機放回倉庫裡，明天可以接著銷售，旅宿的庫存是房間的使用時間，今天一旦賣不掉就是過期作廢。而這些以往可能會靠掃街、發傳單、登廣告來達成，現在則由網路行銷掌握一切，也是這章節 Bob 要告訴你的——如何應用線上行銷工具拓展客源。

▍降價是自殺式行銷

　　旅宿的營運固定成本高，邊際成本卻很低，每多服務一位客人，並不需要多付地租、多做裝潢或多請一位服務生，增加的成本基本上只有水電、備品、加上布巾洗滌費，從這個角度來看，只要售價抓個 30%，就能增加旅宿的總利潤。聽

起來似乎有點道理，可是為什麼在各大平台上很少真的看到旅宿把賣不出去的房間降到成本錢來賣呢？甚至很多四五星級的旅宿寧可把房間空著，也不願意以兩三千塊的價格把房間放到市場上，這到底是為什麼？

原因有兩方面：一方面，直接降價，例如直接在 EXPEDIA 上把 1000 元降成800 元，這樣子或許能多賣幾間房間，可是所有房間的價格都下降了，總體收益未必能提高（還記得 RevPAR 嗎？），另一方面，旅宿長時間公開以低價售賣房間，會損害旅宿的品牌形象，讓看到該價格的顧客會產生負面形象，所以正規的旅宿很少採用這種方式。

然而山不轉路轉，不能「公開」降價，很多人就把腦筋動到了「不公開」這個點上。美國比較常見的方式是逆向拍賣（ Priceline ）和神祕旅宿模式。逆向拍賣模式裡，顧客在網上開出條件（例如旅宿星級、區域、日期和可接受價格），一旦系統發現有滿足條件的旅宿，就自動從顧客信用卡上扣錢，完成交易。相比之下，神祕旅宿則更簡單一些，顧客可以在網站上看到各個旅宿所在區域和簡單描述，但是無法預先得知所選旅宿的名稱，直到費用支付以後才能得知。這兩個模式共通的特點就是在用戶付款前，並不能知道是哪家旅宿在提供特價。這樣就沒有把旅宿的特價展示給所有人，一方面就可以保護旅宿品牌，而另一方面可以對顧客區隔訂價，不會影響到正常生意節奏。這兩種模式的缺點也很明顯：消費者使用並不方便，而且也並不安心，大部分消費者都希望在充分了解商品之後才付款買單。在信用機制和消費者保護比較完善的美國商業社會裡，這兩種模式比較容易被廣泛接受，對亞洲來說還需要漫長的一段嘗試和發展的時間。

上面敘述的兩種模式也是礙於區域的消費習性不同而有不同的反應，由此可見一樣的行銷模式不見得適合所有旅宿，線上行銷百百種，怎樣才能多多益善而不是浪費人力、時間甚至削弱我們的名聲？

線上行銷很重要的一點其實就是要能夠在第一時間「吸睛」。

透過印象行銷來深植人心，即便這次沒有進行到交易的步驟，但對於你的旅宿品牌已經有所印象，而吸睛方式有很多種，有創意比灑狗血更有建樹！

▌ 線上行銷四大要訣

而這本書一開始就提到的營銷重點「剛柔並計」，硬體、軟體與數據計算要密切融合，在進行線上行銷時則要注意一下幾個狀況：

1. 線上行銷要注意大眾觀感，在表達立場時盡量不要選邊站

舉例：曾經在南部有一家旅宿它發出新聞稿，提到「2016 年七月起不接陸客團」，乍看之下頗為霸氣，但實際的效應有待商榷；或例如在自己的臉書粉絲頁貼出「反多元成家」、「支持川普」…諸如此類比較容易引起網友或所屬支持者反感的元素，要記住：旅宿的行銷是要讓消費者看到好產品並不是耍嘴皮子！

2. 剛柔並濟了沒？

在布局線上行銷大肆宣傳之前，硬體設施都完善？服務流程沒有缺失？若答案是否定的，這估計很容易會在評論上引發大災難！

舉例：一家東部新開幕的旅店，為了想要提早開業（通常是輕資產型的微旅宿）會以「試賣名義」先接客人，整個裝潢工程可能還沒完全收尾、消防設備也還在調整、甚至還能感受到大廳瀰漫著施工引起的粉塵和甲醛味道，線上的產品並沒有辦法可以透露出這些問題給消費者知道，但往往在這種沒有完備狀態下就進行了「行銷＋銷售」，所引起的負面影響會變成網路負面口碑，很可能在一開始就建立了低評分的顧客印象，會轉換成成長阻力。

3. 線上營銷需要時間來經營，培養顧客的忠誠度

在你粉絲專業按讚的讚數不多，但會不定時關注你旅宿消息的顧客比殭屍粉絲更有用處！而這也是一種忠誠度的建立，在自媒體上不單單是無趣的產品宣達，

更多是可以跟上潮流傳達最新有趣、實用資訊的文章或是透過網路直播來促成響應，建立起自己的 e-member，培養粉絲忠誠度。

4. 價格展現

在線上分銷渠道（直銷指的是官網），必須要「均價」！

我常常會舉一個例子給大家聽，假設今天在全家便利商店買了一瓶可口可樂，價格是 25 元，立馬去隔壁的 7-11 買了另一瓶可口可樂，此時你覺得這瓶可樂應該會是多少錢？大部分的人會跟你一樣的反應：「$25 元阿！啊不然咧？」恩亨～所以均價的概念大家都有了。

在同樣層級的分銷商對於產品會給予一樣的價格，這是自然！但相反地，我們來看看線上的旅宿訂房網，甲網站和乙網站在同一時期可能甲貴於乙，但到了半夜發現乙貴於甲！價格亂七八糟，這有幾個因素，統整如下：

● 被 OTA 業務洗腦，給了獨家

很多 OTA 的業務每個月的 KPI 就是要討到幾個獨家，或是掛個幾個特牌、金牌、大拇指、APS、AO、龍萃⋯ 為的就是要更有競爭力！明明合約上都叫旅宿要遵守均價規則，但卻又很愛跟業者要獨家？

● 控房人員不擅長操盤 OTA

尤其是微型旅宿，不大會操作後台的業者大有人在，又或是忘記密碼、人員換手沒有交接妥善，這往往會是爆房的導火線，但這個因素也是常常業者拿出來向 OTA 回饋的說帖⋯。

甲 OTA：耶？為何我們的價格比乙 OTA 還貴 10 元。

業者：真的？可能是櫃台控錯啦！HAHA，我現在改！

另一個重點，合作的 OTA 愈多，發生錯誤的機率也成正比成長，尤其微型旅宿沒有 Channel Manager 協助的狀況下更容易錯價。

●OTA 擅自改價錢

這問題在 2009、2010 年時的台灣市場並不會發生（ ok…微量 ），但是近幾年市場的競爭加上不同商業模式的 OTA 進場，的確攪亂了一池春水，有些 OTA 是光明正大的返現與虧賣，有些則是透過分銷模式在其他平台做 hidden Promotion（隱藏優惠），也有些 OTA 自行犧牲傭金的狀況會發生的子夜，讓業者不易察覺。

●串接發生問題

這裡的串接包含 Channel Manager 的串接，有可能已經推送了價格給到 OTA，但 OTA 前端沒有反應；另一個串接就是甲 OTA 把產品與價格給到乙 OTA 去做銷售，此時可能服務費的地方串接錯誤有可能會造成價差產生。

●匯率問題

在台灣我們大多數給到 OTA 的賣價都會是統一幣別，賣台幣就收台幣，但是每家 OTA 的匯率不見得相同，這當然會引起 OTA 間的較勁；一樣給了 2000 元台幣，在 A 網站賣的是美金 64.5 元，B 網站卻賣美金 64 元，雖然差距不大，但消費者若是在 MSE 上比價，再傻都會選 B 網站呀！所以別小看 0.5 美元，它影響巨大。

●刻意想要養大特定 OTA

是的！真的有很多業者會做這樣的事情，可能為了想要贏得一份獎牌？或是和某家 OTA 有特定情感？把雞蛋全投入一個籃子（前面已經說過，千萬不可啊！），不在意均價更不在意其他 OTA 的行銷市場，舉例來說：可口可樂要特

別養大 7-11 便利商店，於是乎給 7-11 便利商店獨家價格 $19 元，其他商店為 30 元。試問，身為消費者你們會怎麼看待可口可樂這產品？你們怎麼看待 7-11 和其他的便利商店？

短期來看可樂在 7-11 的銷售量一定會飆升，但它的總營銷收入卻不盡然（同比 RevPAR），長期來說它換來的是在其他通路慢慢會缺少點閱率與訂單量，淪為長尾產品，甚至被一些要求聲譽的通路商直接下架，而去推促百事可樂。最重要的一點，一旦 7-11 變成可樂的最大通路時，誰有話語權？我想你們都已經知道答案。

線上營銷是長遠策略，更是要以「業主」的角度去看顧自家的產品，很多被賦予經營權利的經理人卻是只看短期 KPI 和短期利益，往往被通路賤賣了產品、聲譽和未來還不自覺！

有時候可能會有些旅宿會跟小編求助，有關代理價和 OTA 削價競爭的問題，我把這個問題歸咎於旅宿本身，太多旅宿發現問題時是睜一隻眼閉一隻眼，看到一直進來的訂單，也就不敢對通路商過於嚴格，頂多也是口頭說說，沒有實質的幫助，這樣的價格是否「斬草不除根，春風吹又生？」是的！若你只是被其他 OTA 發現一個代理價，才去處理一個代理價，它是的！可能還要請一個專員專門每天處理這事，但若願意與 OTA/TA 以營銷（RM）的觀念來看待這件事情，讓廠商知道旅宿價格的策略和你們無法接受 B2B 價格裸賣 B2C 市場，旅宿業主才是產品的主人，才是有權利賦予它價格標籤的老大。

有些微型旅宿的業主會無奈談到，「哀哉~我又不是 SPG 集團，他們有權有勢，況且人家 OTA 這麼大…我怎麼談？」但相信我，堅持產品的價值與價格是原則問題，並非權勢問題。任何一家 OTA 都有義務和權利去遵守當初合作的宗旨與合約。切記！均價通路，不被賤賣！

區塊鏈應用

區塊鏈這名詞大家估計非常陌生，但它的確是現在電商、金融界是相當火紅的話題，區塊鏈之所以能夠引起的高度關注，是因為其能夠解決金融交易流程、核實交易和信用、數據管理和安全保障方面的問題。

未來利用在身分認證、對顧客的反評分都能夠做到。甚至在官網訂房時，你可以利用飛行積分為旅宿房間支付，或者用一些出租車服務忠誠計劃的額外積分來兌換房間。能發揮的空間——無限！

在這邊，小編也邀請到了奧丁丁的創辦人 Darren 來和大家 QNA 一下，希望透過 Darren 的講解，我們能更了解區塊鏈的旅宿應用。

Q&A

區塊鏈達人！

台灣區塊鏈產業專家

曾任職矽谷 Google 總部、南韓電信美國公司，連續創業者。現為奧丁丁（OBOOK Inc.) 創辦人 / 執行長，也是台灣還有矽谷區塊鏈產業的天使投資人。

奧丁丁創辦人 / 執行長
王俊凱 Darren Wang

Q1. 區塊鏈和旅遊的結合，能不能用最簡單的範例提供給讀者？

最簡單的應用就是利用 Smart contract（智能合約）把旅遊保險加入未來的行程裡。比如飛機誤點、行李遺失、行程取消等等，在購買旅遊的時候利用區塊鏈跟保險的結合，旅行開始的時間自動生效，結束自動失效，對保險公司還有消費者而言，可以節省理賠的時間還有可靠度。如果消費者本身已經有區塊鏈相關的錢包，理賠金額更可以直接匯入數位錢包裡，不需要擔心要過幾個星期以後才能獲得理賠。

Q2. 對於資源有限的微型旅宿業者 (青年旅館、民宿、小規模旅館 ...)，它可以從哪一個方面踏入區塊鏈的應用？

區塊鏈的相關運用非常的廣，但未來我們會推出關於旅館區塊鏈 PMS 系統 (避免過度銷售)、跨境支付 (提供國際旅客更方便更快的支付選項，抽成比起信用卡也更低)、把評論寫到區塊鏈上跟其他平台交換資訊等的服務，都是可以用很快的速度就可以踏入區塊鏈的應用場景裡。

Q3. 區塊鏈和旅宿的結合，能否有效增加更多外國客群？

區塊鏈是一個新技術的層次，提供的是「信任」的服務。好比如果旅館有區塊鏈的評論系統，外國消費者就會知道這是一個比較國際化的旅館，有了更多消費過客戶的評論，大家對於這個旅館的信任度自然也會更高。比起目前的評論網站無法認定消費者有沒有真的住過這個旅館，區塊鏈的評論系統自然就會更有參考價值。

結語
微型旅宿的成長與未來

台灣旅宿業如爆發性的擴增，以 2014 年而言，擴充了將近 150 間飯店！

2013 年全年平均住用率為 69.28%，總營收 550 億元，創歷史新高，較 2012 年增加 25 億元，成長 4%；2014 年 1-11 月平均住房率 77.03%，平均房價 3,777 元，總營收達 544.1 億元，亦較去年同期成長 7.82%。若再拿出 2015 年和 2016 年 第一、二季的旅館業（一般旅館）營運報表來看，2015 年 1-6 月平均住房率 52.29%，平均房價 2191 元，總營收達 358 億元；2016 年 1-6 月平均住房率 51.38%，平均房價 2233 元，總營收達 372 億元。

再從上面兩則數字來看，2016 年的住房率較 2015 年住房率差了 0.91%，但 2016 年的總營收足足多了 14 億元，可以歸因於 2016 年的來客總數多了 25 萬（需求變多，收入較去年同比增加），同時總房間數多了 2015 年將近 100 萬間（供給還是多過需求，導致住房率下降），但撈出觀光局資料來看，在住房率和平均房價都呈現上漲的城市僅有：新竹縣、苗栗縣、屏東縣、澎湖縣、基隆市、新竹市、嘉義市、金門縣與連江縣；其中住房率增加最高的是金門的 10% 成長。

從整體來看，旅宿的 Properties 的確暴增，但仔細分析不難發現，是微型旅宿（中、小型飯店及商務旅館）居多而市場有其運作機制，不論是團體旅客或自由行旅客，會挑選適合自己需求、價位的飯店或旅館，自由行旅人漸增，預算平均落在 USD110 上下。

但在未來與現在的成長狀況，面臨產業升級的問題，包括成本高漲、旅宿業者最少增至 56%，競爭激烈、爭取國際高端旅客市場；但在成長的背後，仍存在若干隱憂，以台東為例：台東的旅宿房間數，到 2020 年，預計將接近到 1 萬多個房間，再加上申請中的 4 千多個房間，總計達到 15,000 個房間數的規模，台東一天接待量 4 萬人次，一年可接待 1,400 萬人次，但是目前每年到訪台東的旅客僅約 300 萬人次，未來問題嚴重性可想而知。在這裡 Bob 不得不提醒各位業者：

•旅宿家數擴張過大，競爭激烈，房價不容易拉高。

　　由數據報表可以看出，除了台北市場，部分地區的平均房價 (ADR: Average Daily Rate) 已經下修，淪入紅海市場。

•人才欠缺，旅宿擴充快，人才培育不足，同業挖角，專業人才造成斷層。年輕剛畢業的新鮮人未必願意從基層做起，多只能以產學合作模式進行。

•現階段平均率近七成（上述），但份額來說以觀光飯店為佳，小型旅館的住宿量因為市場占有率 (Market Share) 越來越大，有被稀釋的危機，加上行銷能力不及觀光飯店，此為小型旅社之隱憂。

•台灣觀光推廣、城市行銷力需再加強。以香港為例，香港差不多只有四個台北大小，但是觀光客卻是台灣的七倍，當然這和限定陸客來台有很大的關係，除此之外，其他城市的觀光宣傳也必須完備。

　　上面提到的資料，不難發現，微型旅宿的「過去」質量不足；「現在」則是急速成長、複製的市場態勢，百家爭鳴；「未來」則是一個適者生存、汰舊換新的現實世界。以西門町為例，近幾年越來越多的新興旅店，平價連鎖、SOP 服務、地點極佳、房間雖小卻啥都不缺，這樣的微旅宿一波波的興起，一些早期的小旅社，包含門口總是亮著紅燈的小賓館，也都一一的重新翻修，配合管顧公司的行

銷政策來發展外客觀光，改變老舊式的做法，街邊拉客、今日有房…這樣的場景已經不復存在。

微型旅宿的量體成長能夠飛快，但質量上則不見得能夠做到位，想要在紅海中生存的老闆們，必須製造出市場區隔，特色出自己的個性及品牌，包括品牌經營、在地化、與發展自有特色，是其未來在激烈競爭中勝出的重要關鍵。

Bob 看好未來的台灣觀光發展，尤其若中央能夠就青旅、日租、鄉村旅店、民宿等的法規設定上有所突破，讓消費者更便利、放心的選擇住宿地點，除了觀光類型飯店外，讓微型旅宿也可以成為來台灣必定體驗的住宿模式。

note

附錄 1
旅宿籌備懶人包

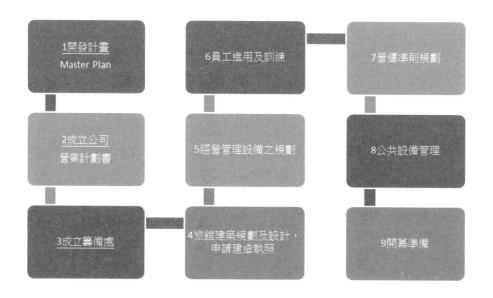

step1. 開發計畫就是統整這個旅宿的作業進度計畫、各部門的總體作業大綱及流程、工作預算及財務計畫、策略業務計畫的執行、旅館申請的推行時程…等等。

step2. 依公司法之規定向經濟部申請正式組設股份有限公司,從事興建及經營旅館事業,依據旅館設立的申請、等級、資本額和營規定有所出入,向營運主管機關申請籌建時需要備妥營業計劃書、建築設計圖說…等等。

同時申請各項相關營利事業登記。

* 主管機關：在中央為交通部；在直轄市為直轄市政府；在縣（市）為縣（市）政府。

step3. 目的是要綜合整理所有的旅館工程及經營管理之初期整備階段，也擔負起諮詢和協調的責任。也是開辦費的開支起算點，開支包含：薪資、辦公設備、專業作業費 (建築師、會計師、專業技師及顧問費)、規費、水電費及保險費等等。

step4. 向地方主管機關申請建照，依照開發計畫來執行：建築及結構設計、裝修設計、電氣及設備設計、消防設備系統設計、衛生排水系統設計、中央監控及監視設備系統設計、旅館內外指標…等等。

* 旅館業於申請登記時，應檢附下列文件：
申請書、公司登記證明文件影本（非公司組織者免附）、商業登記證明文件影本、建築物核准使用證明文件影本、土地、建物登記（簿）謄本，土地、建物同意使用證明文件影本（土地、建物所有人申請登記者免附）、責任保險契約影本、旅館外觀、門廳、旅客接待處、各類型客房、浴室及其他服務設施之照片或簡介摺頁、其他經中央或地方主管機關指定之有關文件。

step5. 規劃程序，包含：設計或選樣、訂貨或發包、進場進度、驗收與收貨…等等。規劃項目則包含：燈光照明設備、電話設備、音響設備、消防設備、標誌號系統、室內裝修及家具、客房設備、電腦硬體設備、員工制服…等等及 SOP 制定歸檔。

step6. 總經理之聘用、中級幹部與財務人員聘用與訓練、基層人員考選及先期訓練。

step7. 房間編號及訂號、訂定房價、業務宣傳規劃、宣傳資料設計製作、接受訂房…等，並且開始接受訂房 (賣未來房間)

step8. 通信系統規劃、交通管理規劃、安全消防規劃、運輸服務規劃…等等。

step9. 開幕計畫、分層試車、旅館勘驗及領照、申請各項證照、試營運、調整及修改、開幕典禮、驗收。

　　上面是針對想要有規模和制度性的籌備旅館所建議的大補帖，若是針對輕資產的老物件拉皮且只進行室內裝修的部分，建議就可以簡化流程和時程：向房東索取圖面後，請配合「有旅宿經驗」的建築師到現場會勘，再依照各地方的法規 (註)來審視檢討，接著業主與建築師討論設計與規劃後訂定專案需求規格書，租約簽訂 (切記向房東確認免租施工期能符合建築師預計時程)，同時進行硬體設計，再把設計圖送審申請裝修許可、變更使用執照，也因為這時程說不準，估計來來回回需要兩個月時間，這時候可以針對軟體設計著手，也可以開始尋找適合著軟裝及競爭者分析，一切妥當後開始拆除及施工，完工後申請執照。

註：經營旅館業需注意遵守的相關法規有：發展觀光條例、旅館業管理規則都市計畫法、區域計畫法、公司法暨商業登記法、商業團體法、營業稅法、建築法、消防法、食品衛生法、營業衛生法、飲用水條例、水污染防治法、刑法、社會秩序維護法、著作權法、勞動基準法、兒童及少年性交易防制條例。

另外每個地方的旅館申請因為主管機關不同會有些許差異，以台南來說，申請符合旅館用途的建照單位是工務局，營利事業登記整則是建設局，文化觀光局則是申請旅館登記證及旅館業專用標誌。

而台中市的一般旅館業申請的行政流程區分兩類，住宅區及非住宅區：非住宅區的申請建造執照及使用執照是向都市發展局，申請公司或商業登記是向經濟部及經濟發展局，最後向觀光旅遊局申請旅館業登記證。住宅區則因「臺中市都市計畫住宅區旅館設置辦法」，得先向觀光旅遊局申請准予於住宅區籌設一般旅館，接著建照及使用執照向都市發展局申請，申請公司或商業登記則轉向經濟部及經濟發展局，最後再向觀光旅遊局申請旅館業登記證。

note

附錄 2
線上行銷懶人包

網路在手，祕密無窮。現在做生意比的是誰知道得更多！在這裡 Bob 掌握了七大線上行銷免費操作指南，內服外用後即能打通你的微型旅宿任督二脈。

內服

- ✓ 客製視覺識別系統 (VI: Visual Identity)FREE
- ✓ 官方網站製作 FREE
- ✓ 訂房詢問單 FREE
- ✓ 專案管理 FREE

外用

- ✓ 對手資訊分析 FREE：Google 趨勢 (Google Trends)、nibbler
- ✓ 打造專屬自己的大數據新聞 FREE
- ✓ 掌握對手價格 FREE

▍客製視覺識別系統 (VI: Visual Identity)FREE

現在要告訴大家的神器不僅可以利用在旅宿業，它基本上可以利用在任何產業。但不要大聲嚷嚷，我們知道就好了…噓。

這軟體叫做「Tailorbrands」，顧名思義，客製你的品牌。它是一個客製視覺識別系統 (VI: Visual Identity)，不用三分鐘就能夠完成一整套 VI。我在這裡順一次流程給大家知曉。

1. 輸入品牌名稱 (僅限英文)，下行為副標題。

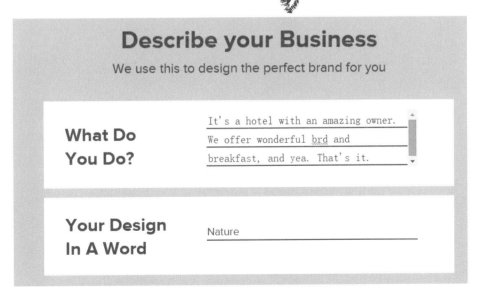

2. 描述一下你的屬性 (是的 , 只有英文)。

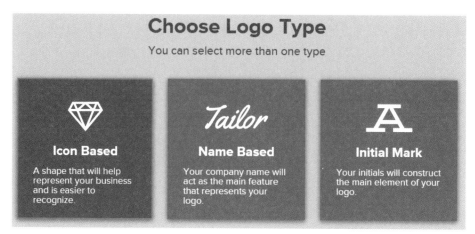

3. 選擇 LOGO 的形式。

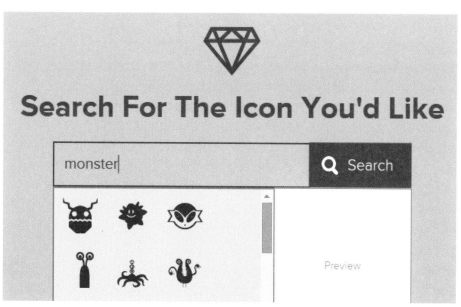

4. 選擇 LOGO 的圖案 (假設你也是選擇以圖案為基準)

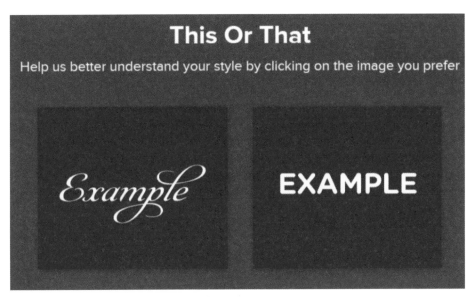

5. 選一個你喜歡的樣式 (若都不喜歡選 I dislike both)。

6. 哪一個合你的胃口呢？

7. 選擇完後，多樣的 LOGO 就生成了，最終選擇一個吧！

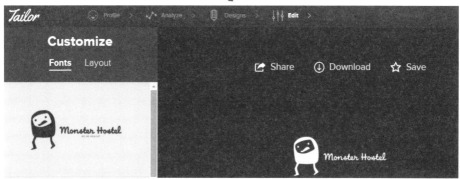

8. 選定後可以細部更換字體及 LOGO 的排列位置。

9. 修改顏色及名片的排版，LOGO 和各式 VI 正式出爐，直接進行下載。

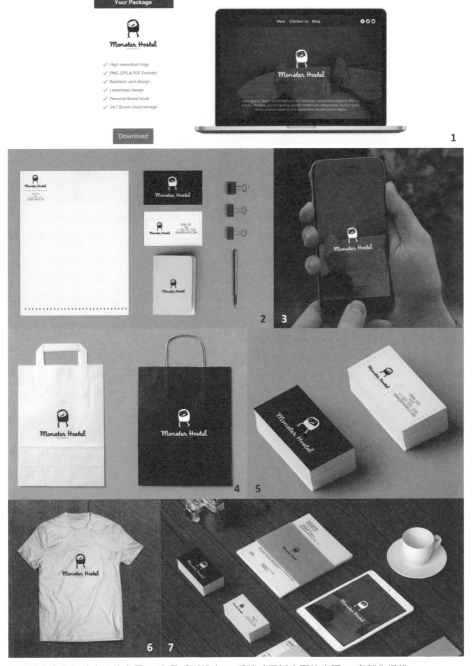

1 可以拿來作網站底頁的桌圖 2. 文具系列組合 3. 手機 / 平板介面的底圖 4. 客製化提袋
5. 精緻的名片模擬預覽 6. 工作服 7. 別緻的輸出模擬圖

拿到免費圖檔若覺得像素不足或是想要更多的利用，就得付費下載囉。但使用者付費這裡也是非常合理。而且建議老闆們做完先儲存 LOGO，隔幾天網站會發信給你，提醒你還沒完成購買，並且提供折價的 COUPON 給你使用，幸運的話最多可以到 4 折。

這是最後拿到的免費圖案，是不是很專業又時尚！

▎官方網站製作 FREE

官方網站的製作，不需要花大錢請網站專業團體訂製，現行國外有非常多的網站有免費的架站服務，例如 WIX，它只需要瀏覽器就能透過強大的 HTML5 網頁編輯器，輕鬆製作精美的專屬網站，如何操作馬上告訴你囉！

1. 進到網址：http://www.wix.com，選擇模板區塊，右邊有 HOTEL&TRAVEL 的選項可以做挑選，裡頭的介面和版型是比較適合旅宿業的使用。

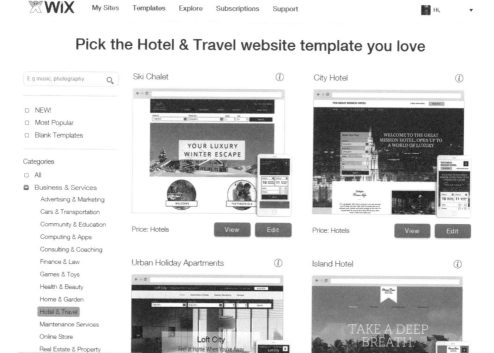

2. 挑其中一個模板可以發現它左上角有兩個圖案：分別是電腦和平板的模擬介面，這麼精美的模板真的很難想像每個月 500MB 流量是免費的。

除了有訂房功能之外，在頁尾你會看到一些收款機制，沒錯它們能夠支援金流！它有非常多的 APP 可供選購，當然這些額外功能部分是要收費的。

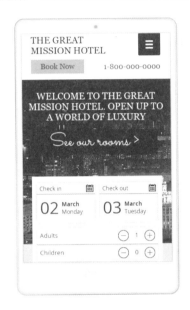

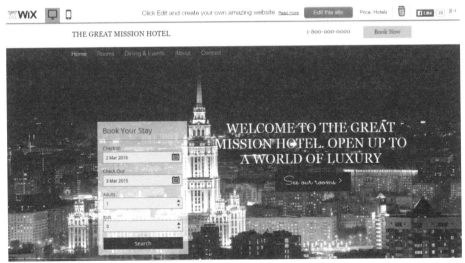

當然既然是免費的系統總是會出現一些廣告，而且網址可能沒有辦法完全遵照你的意思就設定，而且如果你想要消滅 WIX 的廣告，或是加大流量和儲存空間則須另外付費使用。WIX是目前我覺得在眾多同性質領域中CP值最高的網站(畢竟請人架網站也是需要一筆費用)。

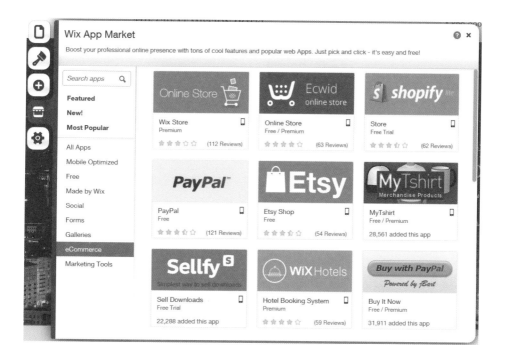

另外還有一個選擇，叫「WORDPRESS」，它的 UI 一樣是很符合現在使用者的趨勢，並且提供多樣的模板選擇，但旅宿相關的模板並不多，而介面較為沉穩，也沒有支援 APP 的一些額外精彩功能。在其他裝置 (Device) 的介面上，仍是有相容，功能性相當不錯。

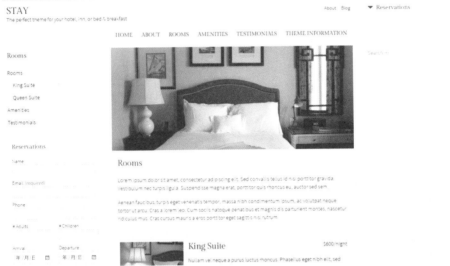

▎訂房詢問單 FREE

　　搞定了網站，但想要在社群媒體上面設定一個訂房詢問單！早期大家可能得透過一些 JAVA 的 script 或是一些不太人性化的軟體來完成，現在又來一個神器啦！它叫「JOTFORM」。

　　在裡頭仍然是有幾百種的模板供你選擇，旅宿相關的模板也有很多，包含訂房、訂車、訂行程，基本上除了模版，你也可以按照你的需求來客製化詢問表，

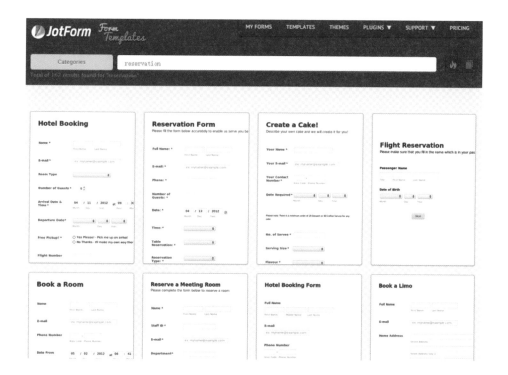

是的，免費！而且編輯介面有中文版本。

針對國外的訂房，你可以使用預先授權 (Payment pre-auth) 表格，同意書與信用卡授權書一併完成。

免費版本的畫面非常乾淨，沒有 GIF 的廣告橫幅，但唯一缺點就是可用空間只有 100MB，帳戶控制人僅一位，若想要多些空間及額外功能，則需要付費囉。

Simply the Best Services & Features

Trusted by over **1,000,000 users**

Starter	Premium	Economy	Professional
FREE	$ 9.95	$ 19.95	$ 49.95
100 Monthly Submissions, 10 SSL Secure Submissions, 10 Receive Payments	1,000 Monthly Submissions, SSL Secure Submissions, Receive Payments	10,000 Monthly Submissions, SSL Secure Submissions, Receive Payments	100,000 Monthly Submissions, SSL Secure Submissions, Receive Payments
100 MB Available Space	10 GB Available Space	100 GB Available Space	1 TB Available Space
1 Sub-user Account	3 Sub-user Accounts	10 Sub-user Accounts	100 Sub-user Accounts
Unlimited Forms, Reports Fields per Form	Unlimited Forms, Reports Fields per Form	Unlimited Forms, Reports Fields per Form	Unlimited Forms, Reports Fields per Form
Current Plan	Upgrade	Upgrade	Upgrade

　　一旦完成你的個人化表格之後，它會生成這個表格的專屬網址，任何填妥提交的資料會被存在你帳號內的資料庫，隨時可以上來接收，幾月幾號收到的表格會用一個小日曆標示，也可以直接點擊輸出。當然，它也會發信到你的指定信箱，我計算了一下，從提交到郵件收到通知只需要 12 秒鐘，非常即時喔。

專案管理 FREE

專案管理運用，它是一個雲端型態的共同筆記，主要是能集眾人的力量協同編輯文件、彙整資訊。

而這樣的平台應用為何要在微旅宿的經營中出現呢？首先它可以多方面運用，例如股東間的意見交流、每月的月度會議紀錄、每日的交班日誌 (Daily Log)，它提供個人或組織能夠共同撰寫文件，並將這些內容妥善保存的空間，不僅如此，它還能將每次編輯的情形記錄下來 (發言人是誰一清二楚)，或是把內容給嵌入、發布到其他網站。目前這項服務開放給所有個人用戶免費使用，如果要建立私人專案，前五位使用者免費，超過後每位使用者也只要 $2 美元費用（每月），相當實惠。

上方是 HACKPAD 的編輯畫面，左邊藍框是發言者的名字，每個名字有不同的顏色，右邊的是書籤，可以快速到你想要的章節「集思廣益」這成語，在這平台真的是發揮的淋漓盡致，但若我們用不到那麼精華的功能，建議把它拿來做每日交班日誌也是挺好用的。

▎ 對手資訊分析 FREE：Google 趨勢 (Google Trends)、nibbler

所謂「知己知彼百戰百勝」，「秀才不出門，便知天下事」。覺得這兩句成語形容這工具形容得更是貼切，它是 Google 趨勢 (Google Trends)，Google 因為是個搜索引擎，所以自然擁有最龐大的資料庫，大數據解析就可以從 Google Trends 下手。

那我們何時會使用到它呢？有幾個情形我們可以靠著它協助來找出答案。

✓ 分辨上訪業務的產品「靠譜度」

今天有三家 OTA 業務來拜訪，每家都說自己是知名度最高的 OTA，那麼我們來問一下 Google 大神，真實數據和重大新聞點一目了然。從圖 1 得知它甚至可以分析是哪幾個地區的人在關心這幾個品牌，並且可以按照時間／顏色變化來體現地區的熱門度，右上角可以轉換你想調查的品項，而右半邊的數字代表了相對於地圖上最高點 (一律為 100) 的搜尋量。按一下任何一個區域、點，可查看該處搜尋量的更多詳細資訊。更精細甚至可以更細微的查看「城市區域」如圖二。

有了這樣的工具，我們就不用被這些「業務嘴」給矇騙了，但要注意的是，大陸的一些搜索必須搜尋「百度統計」，Google 在大陸是沒有相關數據。

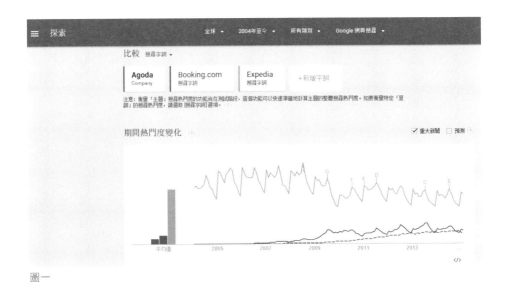

圖一

圖二

✓ 抓包了業務嘴之後,我們要檢討一下自家的能力囉,看看你這陣子的努力是否有些回報。

　　可以把自家和你認為的競爭對手放進搜尋比較,但若是搜尋量不足也不要擔心啊!很可能是客人們都能夠通過網址直接連結,不透過 Google Search,別太難過耶。

除了 Google 大神可以幫我們解答問題之外，我也仰賴另一個大神「nibbler」。這網站的功能是？... 恩亨，首頁就直接告訴你，它測試任何網站！輸入網站完整 URL 之後，會看到 loading 的畫面以及很美的滿天星辰，搜尋結果出爐。評分及說明都在左邊能夠看到，右邊則是 OVERVIEW 的評分，甚至對於網站的缺陷，都會一一說明，對於網站豐富性或方便性不足卻不自知的老闆們，馬上去試試看吧！

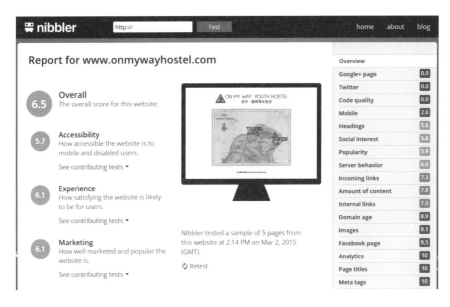

▌ 打造專屬自己的大數據新聞 FREE

基本上一般的微型旅宿業者並沒有 OTA 或 MSE 這樣的大數據可以去挖掘即時的市場動態，或是同比及環比的變化狀況。最容易取得的是透過觀光局、臺灣旅宿網甚至是透過「用數據看台灣」來參考開放數據，觀察一年一年的變化，另一個重點便是培養市場的敏感度。時時吸收相關的市場資訊，正確地說是「被餵」這些市場資訊，至於要怎麼被餵？在這邊以 Google Alert 來舉例給大家知曉。

只要先在網址列輸入：https://www.google.com.tw/alerts 之後，我們再把一些你所關心的關鍵字鍵入即可，接著在設定的位置可以輸入你的信箱，並且可以指定收信的時間。

透過這樣的「指定關鍵字」每天能夠幫你打造成一份專屬於你的「每日新聞」，而裡面的資訊都是你所關切的，沒有廢文，可以節省不少時間。至於關鍵字要怎麼下，舉例如下：假設你在花蓮開設民宿，你的關鍵字可以下「花蓮％民宿」（如圖一）；或是我對於台灣 OTA 有興趣，那麼我可以輸入以上參數。（如圖二）；接著待派報時間到來，你就會在郵件箱中看到上述的快訊信件（如圖三）。

除了 Google Alert 是一種被動式接受新知和市場消息的模式之外，還能透過追蹤臉書、透過 RSS、訂閱 YouTube 頻道或是在一些國外的市場行銷網站中註冊並申請訂閱戶。這些都是「被餵」資訊，比起你去找資訊，這樣的方式會讓你更快跟大數據接軌，更多面向的接受不同來源的信息。

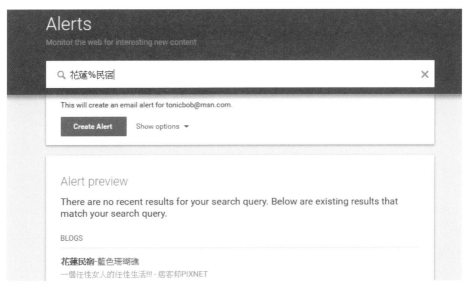

圖一

圖二

GOOGLE ALERT

Google Alerts	Google Alert – Daily Digest ● 電商 NEWS 扶植台灣電商業者建議台胞
Google Alerts	Google 快訊 - AGODA ● AGODA 每日更新 · 2016年12月8日 網頁 最
Google Alerts	Google 快訊 - 藝龍 ● 藝龍 每日更新 · 2016年12月8日 新聞 「葛優躺」
Google Alerts	Google 快訊 - eLong ● eLong 每日更新 · 2016年12月8日 新聞 「葛優
Google Alerts	Google 快訊 - 飯店 ● 飯店 每日更新 · 2016年12月8日 新聞 飯店蓋好
Google Alerts	Google 快訊 - 民宿 ● 民宿 每日更新 · 2016年12月8日 新聞 「好客民宿
Google Alerts	Google 快訊 - 飯店 ● 飯店 每日更新 · 2016年12月7日 新聞 NBA》「
Google Alerts	Google 快訊 - 民宿 ● 民宿 每日更新 · 2016年12月7日 新聞 日本民宿
Google Alerts	Google 快訊 - 飯店 ● 飯店 每日更新 · 2016年12月6日 新聞 巴基斯坦4
Google Alerts	Google 快訊 - 民宿 ● 民宿 每日更新 · 2016年12月6日 新聞 無合法民宿

圖三

▌掌握對手價格 FREE

接下來，要公布一個 2016 年底剛發布的數據神器，「PROPHET」，<u>它最主要的目的是可以監視競爭對手的價格走向，甚至可以設置警訊</u>，讓我們繼續看下去：

「PROPHET」中文是「先知」，這個名詞是一個在很多領域，尤其是多種宗教中常用的概念，指能夠與神交流並預見未來的人。

Prophet 是今年由 Channel Manager 的品牌 SiteMinder(SM) 所釋出的應用程式，它可以即時的去抓你競爭對手未來日子在 OTA 上的價格趨勢，方便業者來做適當的應對處置。

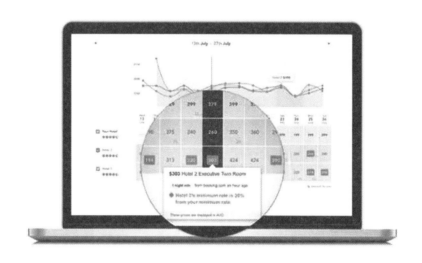

很佛心的 SM 目前有推出 4 種收費方式，最左邊的是免費模式（FREE）。一位使用者、兩週的區段、兩位競爭對手、入住一晚的限制、兩個提醒規則。當然，這是 Bob 常說的免費下午茶，要吃正餐，請刷卡。

但這下午茶的功能就能讓我們在收益管理或市場研究時省卻不少時間！底下我

們來瞧瞧它能幹嘛吧！

首先，請各位讀者掃一下下方的 QR CODE，接著進到登錄畫面。

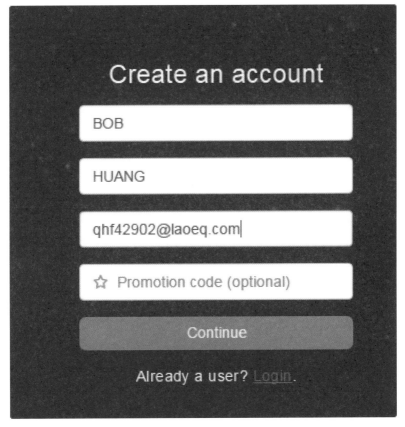

Step1. 除了 Promotion code, 其他都得輸入喔。

Step2. 接下來 等候回應。

You've received this email because your email address was used to sign up to SiteMinder Prophet.

Confirm My Account

If you didn't request an account, please ignore this email. Sorry for any inconvenience.

The Prophet Team

Made with ♥ in Sydney, Australia

support@siteminder.com | unsubscribe

　　Step3. 信箱中會收到這麼一封信 (差不多在 6 秒內)，請按下 Confirm My Account。

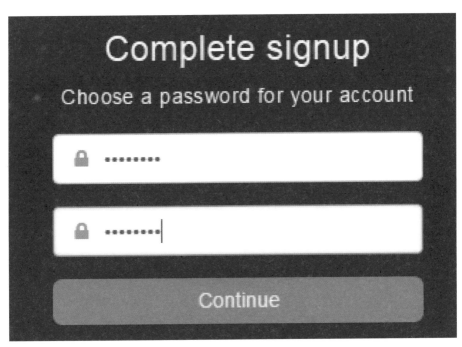

Step4. 緊接著設立一組有大小寫的密碼。

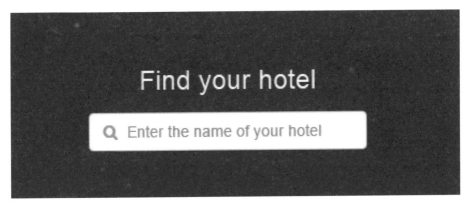

　　Step5. 可以開始設定你的旅館囉，這裡能夠搜尋到全世界有在 OTA 銷售的旅宿，但若是一季內新開幕的旅宿則可能不會顯示喔，目前僅供以英文做搜尋。

Step6. 我把自己當成 HYATT TPE 的業主，來做設定給大家瞧瞧。

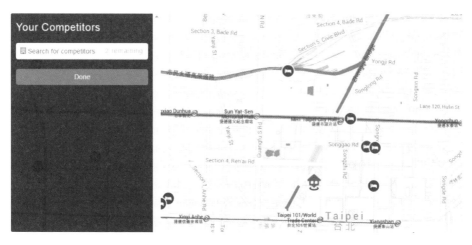

Step7. 接著你們可以開始設定你的競爭對手兩位 (免費版本)。

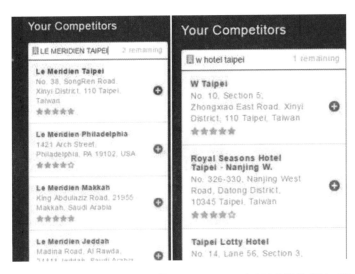

Step8. 搜尋了艾美之後按右邊的「＋」，W hotel 也以同樣的增加模式之後按DONE。

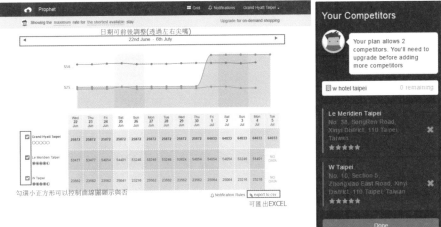

Step9. 進到了主要畫面 (Grid)，功能解說。

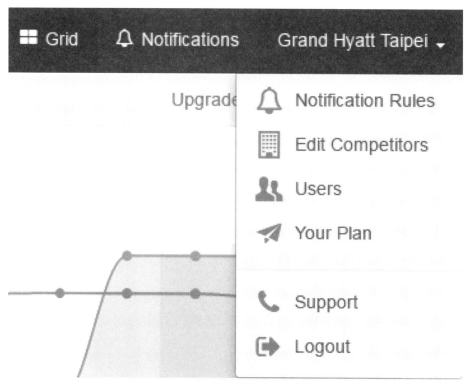

Step10. 右上角可以更改提醒規則以及競爭對手。

Step11. 可以讓先知提醒業主，你的指定競爭對手在價格調整後且達到你的一個限制 (自訂)， 系統會讓你知道情況，最多可以設兩組。

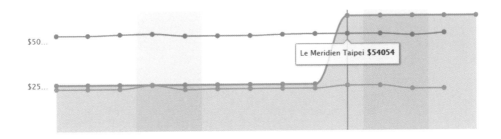

Le Meridien Taipei $54054

其實 市面上有不少類似的系統，但 Bob 還是得給 SM 一個讚，其面向多元：業者、Pre- 業者、OTA 業者、 TA 業者，甚至消費者⋯，再加上先知的免費模式，雖然功能有部分限制，但已經足夠讓使用者得到適合的資訊，尤其能匯出 EXCEL， 每日的資料集結起來，一年的價格趨勢，都看得一清二楚。而這工具的功能陸續有更正和增加，若有新的限制或功能也得讓讀者自己去發現囉！

▌ 1+1 更超值

這裡也加值送虛擬書：電商炫技大全。
希望各位讀者能活用這些 APP 於經營中、令旅宿更加美好。

感 謝

　　這次書籍的完工還是要感謝這些曾經支持我的書粉，你們的回饋是我持筆的動力！也要謝謝我的內人、父母、家人和長官，讓我無後顧之憂的振筆疾書(?!)還要感謝岳父母提供的餐桌，是的⋯我是在餐桌上把這本書完成的⋯也謝謝漂亮家居的所有工作人員！另外要感謝各位專家的不藏私！專家包含

公司名稱	稱謂	姓名
Hotelscombined	經理	Tan-Chi
SEO 專家	博士	盧盟晃
Siteminder	經理	Kay
北門窩泊旅	總監	Janet
台中葉綠宿	業主	Kevin
台南小南天輕旅	業主	Allen
台灣青旅	創辦人	魏秋富
花蓮有窩客棧	業主	劉璟萱
金門北山洋玩藝	業主	Amber
普羅設計	執行長	Pro
奧丁丁市集	創辦人	Darren

順序依照公司名稱首字筆畫

　　這本書的完成不是句點，未來在電商旅遊、OTA、e-hotel 應用上會越來越多的資訊衝擊，都必須靠各位業主提高敏銳度去吸收培養鍛鍊新技能！希望 Bob 透過這本書能夠讓更多人釐清 e-hotel 的應用和建立基礎的線上行銷概念，幫助大家可以透過更多元的媒體去探索未來 90% 以上的線上產量！The Future is NOW!

note

IDEAL BUSINESS 06
微型旅宿經營學：民宿、青旅、B&B、商旅，設計到完賣教戰聖經

作者：黃偉祥 Bob
責任編輯：張景威
封面、版型設計：葉馥儀設計
美術設計：Dita
插畫：黃雅方

發行人：何飛鵬
總經理：李淑霞
社長：林孟葦
總編輯：張麗寶
叢書主編：楊宜倩
叢書副主編：許嘉芬
行銷企劃：呂睿穎

國家圖書館出版品預行編目 (CIP) 資料

微型旅宿經營學：民宿、青旅、B&B、商旅，設計到完
賣教戰聖經 / 黃偉祥著 . -- 初版 . -- 臺北市：麥浩斯
出版：家庭傳媒城邦分公司發行 , 2017.03
面；　公分 . -- (Ideal business ; 6)
ISBN 978-986-408-263-6(平裝)

1. 旅館業管理

489.2　　　　　　　　　　　　　　　　106003508

發行　英屬蓋曼群島商家庭傳媒股份有限公司城邦分公司
地址　104 台北市中山區民生東路二段 141 號 2 樓
讀者服務專線　02-2500-7397；0800-033-866
讀者服務傳真　02-2578-9337
Email　service@cite.com.tw
訂購專線　0800-020-299（週一至週五上午 09:30 ～ 12:00；下午 13:30 ～ 17:00）
劃撥帳號　1983-3516　戶名：英屬蓋曼群島商家庭傳媒股份有限公司城邦分公司

香港發行 城邦（香港）出版集團有限公司
地址　香港灣仔駱克道 193 號東超商業中心 1 樓
電話　852-2508-6231
傳真　852-2578-9337
電子信箱　hkcite@biznetvigator.com
馬新發行 城邦（馬新）出版集團 Cite (M) Sdn Bhd
地址　41, Jalan Radin Anum, Bandar Baru Sri Petaling,
57000 Kuala Lumpur, Malaysia.
電話　603-9057-8822
傳真　603-9057-6622

總經銷　聯合發行股份有限公司
電話　02- 2917-8022
　　　　02- 2915-6275

製 版 凱林彩印股份有限公司
印 刷 凱林彩印股份有限公司
版 次 2017 年 03 月初版 1 刷
　　　2021 年 04 月初版 5 刷
定 價 新台幣 450 元